人工智能
智能颠覆时代，你准备好了吗

917众筹平台◎著

中国纺织出版社 | 国家一级出版社
全国百佳图书出版单位

内 容 提 要

我国政府制定了《新一代人工智能发展规划》，将人工智能上升到国家战略层面，并提出：人工智能产业要成为新的重要经济增长点，而且要在 2030 年成为世界主要人工智能创新中心，为跻身创新型国家前列和经济强国奠定重要基础。

本书将为你建立人工智能知识体系——技术发展完整介绍，技术前沿前瞻判断。这本书将帮你进行个人机遇挖掘——哪些工作机器无法替代，哪些机遇个人不能错过。这本书将展现产业重点——拥抱机遇规避风险，抓住经济发展新引擎。

图书在版编目（CIP）数据

人工智能：智能颠覆时代，你准备好了吗 / 917 众筹平台著 .-- 北京：中国纺织出版社，2019.3

ISBN 978-7-5180-5813-6

Ⅰ . ①人… Ⅱ . ①9… Ⅲ . ①人工智能 Ⅳ . ① TP18

中国版本图书馆 CIP 数据核字（2018）第 279355 号

责任编辑：王 慧　责任校对：楼旭红　责任印制：储志伟

中国纺织出版社出版发行
地址：北京市朝阳区百子湾东里 A407 号楼　邮政编码：100124
销售电话：010-67004422　传真：010-87155801
http://www.c-textilep.com
E-mail: faxing@c-textilep.com
中国纺织出版社天猫旗舰店
官方微博 http://weibo.com/2119887771
天津千鹤文化传播有限公司印刷　各地新华书店经销
2019 年 3 月第 1 版第 1 次印刷
开本：710×1000　1/16　印张：14.5
字数：350 千字　定价：68.00 元

曾几何时，我们渴望机器可以帮助我们完成工作，所以第一次工业革命到来。

几十年前，我们需要更加快捷的科技解决问题，于是，计算机革命应运而生。

到了今天，我们渴望先进的科技，帮助我们实现科幻电影里的场景：汽车可以自动为我们驾驶，回到家中用声音即可控制开关，繁琐的工作机器人能够帮我们完成，甚至一块小小的手表，即可实时对我们的身体健康进行监控。

这个梦想，已经不再是梦想，它正在照进现实。它，就是人工智能。

从智能手机开始走进生活的那一天，人工智能技术（AI）就已经开始成为现实。它解放了我们的双手，放飞了我们的思维，让我们体验着原本只有电影里才存在的场景。

人工智能，正在改变我们的生活。

人工智能时代的大幕已经拉开，面对这场比尔·盖茨、埃隆·马斯克、扎克伯格、李彦宏、马化腾、李开复、雷军、刘庆峰等大咖都在关注的科技新革命，我们该如何更加合理地应用科技？又该如何重塑自身的定位，迎接新时代的到来？我们又该如何借助 AI，让生活变得更美好？

人工智能时代，万物互联，任何一个人，都不可能摆脱 AI 的影响。

谷歌、苹果、阿里巴巴、百度、华为、小米……这些商业巨头，无一例外加入到 AI 浪潮之中；与此同时，国家政策层面，也在不断加大人工智能产业的推广力度。2017 年，我国政府制定了《新一代人工智能发展规划》，将人工智能上升到国家战略层面，并提出：人工智能产业要成为新的重要经济增长点，而且要在 2030 年成为世界主要人工智能创新中心，为跻身创新型国家前列和经济强国奠定重要基础。

面对汹涌而至的人工智能，我们该如何改变自己的"老思维"，让认知升级？又该如何玩转 AI，搞懂人工智能的过去、现在及未来，甚至借着人工智能的风口，来一场轰轰烈烈的创业？

我们无需陷入困惑。想要玩转智能时代，这本《人工智能：智能颠覆时代，你准备好了吗》就已足够！这本书将为你建立人工智能知识体系——技术发展完整介绍，技术前沿前瞻判断；这本书将帮助你进行个人机遇挖掘——哪些工作机器无法替代，哪些机遇个人不能错过；这本书还将展现产业重点——拥抱机遇规避风险，抓住经济发展新引擎！

翻开本书，了解 AI 的前世今生，抓住时代的脉搏，让我们创造一个电影中才能出现的世界吧！

未来已来

未来究竟会是什么样子？

无数科幻作品、电影都给予了我们大胆的想象。就像我们童年时最爱看的哆啦 A 梦，我们曾以为那不过是幻想中最美好的童话，但随着 AI 时代的到来，它正在逐渐成为现实。

我们接触到的 AI 产品已经足够丰富，智能手机、智能家居产品、智能汽车驾驶系统、智能办公助理……人工智能，正在"大举入侵"我们的人类社会。

所以某一天，当我们真的可以拥有一个可爱的哆啦 A 梦时，我们不必为此惊讶——这是时代发展的必然。

关于人工智能的文章与图书，书店中、互联网上的数量已经如繁星一般，但是这些内容往往较为侧重专业领域，它们是人工领域行业内部的参考书，是想要掌握人工智能底层技术的入门砖，却并不是普通民众了解人工智能的最佳途径。碎片化、专业化，导致老百姓始终看着 AI，却又不了解 AI；用着 AI，却又不明白 AI。

所以，当读完《人工智能：智能颠覆时代，你准备好了吗》，我忽然产生了强烈的冲动，想要为它，为整个 AI 发展写点什么。也许 AI 的底层技术并不是普通人所愿意了解和能够掌握的，但是由 AI 所创造的产品、系统，却会在民用市场得到广泛应用。它不是"实验室的探索物"，而是会真正走进民间的科技。

正如电灯、汽车、烧水壶，这些第一次工业革命时代诞生的产物，时至今日依然在我们的生活中起到了非常重要的作用。我们不必了解第一次工业革命到底发生了什么，不必掌握汽车究竟是如何产生动能并前进的，但我们需要明白：汽车能给我们带来什么，电能为我们带来什么。

这就是这本书给我带来的阅读乐趣：它并没有在科技的海洋里长篇累牍之中，而是将视角切入我们的生活，从细节中挖掘人工智能的存在，预测人工智能的未来。它没有制造任何阅读壁垒，任何人都可以在轻松之中，看到人工智能的前世今生，看到人工智能对于我们的生活影响。

无论我们对人工智能带有怎样的看法，它都在不断对社会、对生活进行着深刻的变革。今天，我们感受到的是人工智能对于休闲、办公、出行、家庭生活、投资金融的改变；明天，它甚至会直接以芯片的形式植入我们的体内，让我们成为无所不能的"超级人类"！

这样的未来还远吗？也许，我们还要等待很长的时间。但相比较漫长的人类发展，那不过只是弹指一挥间。未来，已经悄然向我们走来……

中国能量教育终生推动者

社交新零售领域资深实践者

郑清元

2018 年 12 月

认知升级，拥抱智能未来

走进机场、高铁站，我们不再需要进行漫长的排队，只需轻松刷脸即可进站；

走出车站，无需路边等待出租车，打开手机输入目的地，片刻后网约车辆便快速来到眼前；

回到家中，我们不必再摸黑开灯，只需轻轻说一声"打开卧室灯"，温馨的灯光洒在我们的身上……

曾几何时，这样的场景只存在于电影之中。然而在今天，这些都已经统统实现。人工智能，正在改变着我们的生活，改变着我们的习惯，更改变着我们的未来。

人工智能是近年来最热门的话题，上至孩子、下至老人。因为，每个人都能够感受到 AI 对生活带来的改变。这种改变，并不是细节上的微调，而是从整个消费、服务领域产生截然不同的变化：年轻人购物不再逛街，只需打开 APP 即可得到最精准的推送；老人想念远方的孩子，即便不懂得输入法的应用，但只要打开语音智能助手，即可快速与他们进行视频聊天……

更不要说，在科技应用最频繁的企业内部，智能化办公已经成为主流。不再需要秘书频繁地确认行程，不必将宝贵的精力浪费在表格制作上，不再对市场进行漫无目的的分析与判断，甚至不必招聘大量的流水线工人。这一切，都可以交给 AI 去搞定。

AI 是工具，是助手，是大脑，是未来。它可以是我们想象中任意一个样子，只要我们敢于展开大胆的联想。如李开复、扎克伯格、李彦宏、马化腾，他们都是坚定的 AI 支持者，他们所引领的企业，不断在人工智能领域创造着各种辉煌。

当然不可否认，在 AI 对人类生活产生积极改变的同时，也有另外一种声音同样正在蔓延："AI 很可怕，它不仅会抢走我们的饭碗，未来还会产生人类意识，直接威胁到人类的生存！"持有这种观点的人不乏社会精英，例如特斯拉的马斯克，就不止一次在公开场合表达出对于人工智能的担忧。

一方面，是 AI 支持者对于人工智能的大力鼓吹；另一方面，则是 AI 反对者表现出的忧心忡忡。

作为普通人的我们，很容易在这种激烈的争论中陷入迷茫：AI 到底会改变我们的什么？它是好还是坏？

正是基于此，我意识到：创作一部关于人工智能的图书势在必行。这本书的目的，并不在于解释各类复杂晦涩的人工智能底层技术，而是让身为普通人的我们，真正了解 AI 是什么——

AI 的诞生在哪一年？它的目的究竟是什么？

AI 如今已经发展到哪个阶段？当下有多少领域已经开始人工智能的改革？

未来，人工智能还将向哪些方向发展？我们会看到怎样的生活？

国家层面，对于人工智能是否支持？是否出台了一系列文件？

对于人工智能"威胁论"，行业是否有相应对策？
……

AI 并不是高高在上的高科技，与诺贝尔物理学奖、化学奖有着本质的不同，它是在我们身边无处不在的"黑科技"。每一个人都应当了解 AI、熟悉 AI，这样才能在未来的生活、工作中利用好 AI。所以在本书中，没有那些枯燥深奥的基础理论，而是一副人人都能看懂的 AI"大电影"。

没有人可以预知，未来的 AI 还会出现哪些形态。但不可否认，当人类乘坐上 AI 这艘大船时，过去的一切正在被重构，未来的世界正在加速形成……

微达国际集团董事长 瞿铭一

2019.1

第八章　未来已来：如何在智能时代保住自己的饭碗

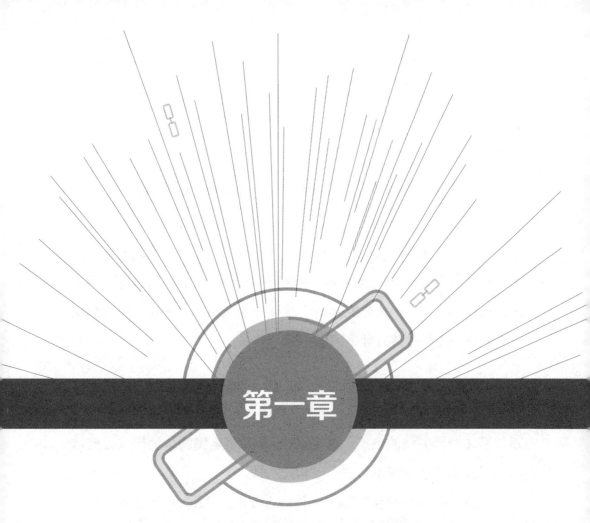

第一章

人工智能：即将到来的智能商业时代

AlphaGo 与柯洁的"人机大战"，让人工智能的概念快速在民众中传播。事实上，人工智能早已渗透我们的生活，并掀起了新商业的浪潮。AI 时代已经来临，我们必须重新认识人工智能的前世今生，以此才能调整角色，更好地迎接时代变局。

1.1　人工智能的过去, 现在及将来

"早就听说新版 AlphaGo 的强大……但……让三个? 我的天! 这个差距有多大呢? 简单的解释一下就是一人一手轮流下的围棋, 对手连续让你下三步……又像武林高手对决让你先捅三刀一样……我到底是在和一个怎样可怕的对手下棋……"

如果你关注互联网, 那么就会知道: 这段文字出自曾高居世界排名第一的中国围棋选手——柯洁。2017 年 5 月, 有一场"盛事", 不仅是体育界关注的焦点, 更是 IT 行业乃至全民的讨论热点: 柯洁与人工智能程序 AlphaGo 进行"世纪大战"。

AlphaGo, 是由英国 Google DeepMind 公司开发的围棋人工智能程序, 被国人戏称为"阿尔法狗", 它是有史以来最强大的围棋"棋手"。在与柯洁对战之前, AlphaGo 几乎横扫人类选手: 2015 年 10 月, AlphaGo 在没有任何让子的情况下, 以 5∶0 的悬殊比分击溃欧洲围棋冠军樊麾二段; 2016 年 3 月, 韩国职业棋手李世石九段迎战 AlphaGo, 以 1∶4 不幸败北……

围棋, 代表着人类最高智慧的结晶。千变万化的棋局堪称最复杂的"谜题", 否则金庸也不会在《天龙八部》中, 将"玲珑棋局"作为整个故事的核心颇费笔墨。所以, 柯洁与 AlphaGo 的"人狗大战"宣布将于 2017 年 5 月正式举办时, 吸引了全球的关注——一方面,

柯洁代表着围棋的巅峰，能否捍卫人类最后的尊严在此一战；另一方面，AlphaGo 的人工智能，代表着未来的科技，人工智能究竟有多强大，所有人都拭目以待……

事实上，在正式开战前，柯洁自信满满，甚至带着些许狂妄，认为"人的思维必然能够战胜程序"。然而，当"人狗大战"真正开始时，所呈现出的一边倒局面，连最悲观的人都不曾想到——AlphaGo 以极其强势的姿态，前三局三比零横扫柯洁！每一局比赛，柯洁几乎都毫无还手之力，刚过中盘就大势已去……

所以，这个狂妄的少年，这个寄托了所有人类幻想的少年，在微博上写下了开篇那段无奈的感受。而现场观战的记者，更是写下了这样的文字：

"……战斗继续进行，柯洁强撑着下完白 126 贴之后，离开座位去了宣传板后没有摄像机镜头的区域安静地独自流泪。良久之后，担任裁判的陈一鸣去查看情况，随后柯洁哭出声来，坐在十几米之外的观战席上的记者能够听见他隐忍但清晰的哭声……"

正是这场"人狗大战"，让所有人忽然意识到——人工智能的发展，已经大大超过了我们的想象！ AlphaGo 并非传统的围棋类游戏，它的核心就在于"深度学习"——AlphaGo 具有多层的人工神经网络，用到了很多新技术，如神经网络、深度学习、蒙特卡洛树搜索法等，使其实力有了实质性飞跃。它不再需要人类数据，也就是说，一开始就没有接触过人类棋谱，而是让它自由随意地在棋盘上下棋，然后进行自我博弈。一天时间，AlphaGo 通过两个"大脑"不断博弈，可以进行多达百万局的自我训练，这是人类完全无法企及的数字！

所以，代表着人类最高围棋水准的柯洁，在人工智能面前一败涂地，心服口服。

"人狗大战"，让人工智能这一概念在全民领域中成为讨论热点。尽管 AlphaGo 并非是人工智能的诞生起点，但正是它的出现，让所有人意识到这样一个问题：如果人工智能的应用范围更加广泛，不局限于围棋，那么它们会爆发出怎样"可怕"的能量？究竟从何时开始，它在悄悄地改变这世界？未来，它又会有怎样的面容？

从这一刻开始，人工智能已经不再只是前沿科技，它预示着未来的社会，必然呈现无法想象的变化。

一、人工智能的过去

人工智能概念的提出，可以追溯至 1956 年。这一年 8 月。美国东北部小镇汉诺威达特茅斯学院的人工智能夏季研讨会，这次会议上，明确提出了人工智能——Artificial Intelligence，并简称 AI。同时，这次会议还明确了人工智能的七个方向：①自动计算机；②编程语言；③神经网络；④计算规模的理论；⑤自我学习；⑥抽象能力；⑦顿悟与创新。

这次会议，宣布了人工智能的诞生。随后的几十年，人工智能呈螺旋式发展，其定义也最终得到了共识。来自美国加州伯克利的斯图尔特·罗素与谷歌研发总监彼特·诺维格合著的人工智能经典著作——《人工智能：一种现代的方法》，其中明确说明：人工智能是能感知环境，并为获得最佳结果，采取理性行动的智能体。这一论断，得到了行业内的广泛认同。

几十年的时间里，人工智能都属于前沿科技，民用应用非常有限。

1997 年 5 月，IBM 的人工智能产品——深蓝以 3.5 ： 2.5 战胜了人类国际象棋（Chess）世界冠军加里·卡斯帕罗夫，成为人工智能发展史上的一次里程碑事件。这标志着，人工智能已经加速落地应用的速度，开始从前沿科技向实用科技进行过渡。

随后，人工智能在知识工程领域获得了巨大的成功，比如医学专家系统、工程学专家系统等。同时，各种机器学习算法引入人工智能，机器能够从数据中自动学习，AlphaGo 即是代表。在这段时间内，机器学习的各大学派纷纷推出机器学习方法，人工智能的发展越来越快。

二、人工智能的现在

AlphaGo 的横空出世，标志着人工智能真正走入大众视野。而事实上，尽管之前人工智能并不是我们关注的焦点，但它却已经无处不在；

iPhone 8 将人脸识别技术运用到了手机客户端；

小米推出了人工智能产品"小爱音箱"；

办公族利用 Google Home 叫外卖；

微软推出人工智能虚拟人物"小冰"，可以与我们完全无隔阂地聊天……

谷歌推出了能够正常行驶的人工智能汽车；

微软和湛庐文化合作推出了小冰原创诗集《阳光失了玻璃窗》，这是人类历史上第一部 100% 由人工智能创造的诗集；

……

从最基础的手机应用，再到生活服务，甚至包括艺术创作，人工智能的能力已经大大超出了我们的想象。所以在人工智能领域，流传着这样的一句话——只有我们想不到做不到，没有 AI 不能胜任的！

来看看人工智能写诗软件的创作吧，如果不是提前获知，你是否能够想到，这是人工智能的杰作？

图 1-1　人工智能小冰创作的诗歌

越来越多的企业，将人工智能机器人引入生产线，提升工作效率。例如大名鼎鼎的富士康，就在 2016 年推出"无灯工厂"生产线。所谓无灯工厂，就是生产线完全通过人工智能进行工作，不需要一名工人，不需要任何一名员工。

生活服务、娱乐、企业生产、艺术创作……如今的人工智能，已经将触角伸到了人类生活中的各个维度。尽管人工智能不能完全替代人类，但是可以预言：人工智能将为我们的未来创造巨大的价值。李开复就曾明确表示："AI 甚至帮助我们消除贫穷和饥饿，成为人类社会全新的一次大发现、大变革、大融合、大发展的开端。"

三、人工智能的未来

从一开始的概念设想，到如今的真实落地，再没有人怀疑人工智能的可行性。尤其在多领域取得了积极的成果之后，人工智能的未来，更加成为公众关注的焦点。

人工智能的最强核心，就在于主动学习能力和几乎不会出现任何差错的程序上。工人、建筑工人、操作员、分析师、会计师、司机、助理、中介等，都会被人工智能取代。

同时，未来的人工智能，会在神经元系统上更加提升。换而言之，它甚至能够具备人的情绪能力，可以根据不同对象的不同特点，主动进行交流模式、肢体语言、声调、表情的转变。

这就意味着，包括部分医师、律师及老师的专业工作都将被取代，毕竟，没有一名律师可以掌握、擅长所有法律，但人工智能不同，庞大的储存能力＋高速的案件运算能力＋人的情绪转变能力，在这样的AI面前，有哪一个律师还敢自信地说"我才是最优秀、最全面、最能与客户交流的律师"呢？包括所有艺术家，他们同样都有了"下岗失业"的风险。

所以，李开复在自己的节目中，才能够如此确定地预测："未来十年，AI能在任何任务导向的客观领域超越人类！未来的人工智能革命在规模上将与工业革命旗鼓相当，甚至有可能带来远比工业革命更快速、更巨大的变革。"

未来3~5年，人工智能的核心，仍然以服务智能为主，但会进一步拓展场景应用，创造的价值会呈现指数增长。如人工智能汽车、人工智能工人、人工智能购物等。

随着人工智能的应用不断拓展，民众对于此已经习以为常，此时

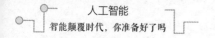

会出现显著的科技突破，应用深度进一步下潜。随后，甚至出现超级智能，人机完全融合，人工智能颠覆各个行业和领域，人体植入智能芯片不再只是科幻电影里的场景。

这一天，距离我们已经不再遥远。随着人工智能的发展越来越快，未来，正在逐渐成为现实……

1.2　后互联网时代的新商业浪潮

伴随着人工智能的大发展，它的应用已经不再局限于某一个具体的产品，而是呈现出体系化、产业化发展，为多个行业提供丰富的服务。如大数据行业、云计算行业、区块链行业等，人工智能作为底层技术，正在颠覆着传统商业的模式，创造出截然不同的互联网后时代新浪潮。

如果说，过去的互联网时代始终坚持"流量为王"，那么在后互联网时代，这一特点正在被不断削弱。人工智能带来的全新模式，会让"产业互联"逐渐成为核心。企业借助互联网打通各个环节，同时依托于人工智能技术，让经销商、客户、企业之间建立起一个低成本、高效率的生态闭环。

举一个简单的例子：

我们经常在某购物 APP 购物，浏览各类产品。每一次，我们的相关浏览轨迹、购买记录都会被捕捉。人工智能会结合我们填写的资料，根据购买产品价格、品牌、浏览记录等进行大数据分析，进而对我们精准画像。不断对我们进行标注，数据越丰富，我们的画像就会越精准。

某一段时间内，我们对婴儿产品浏览度非常频繁，人工智能会立刻判断：我们即将迎来自己的小宝宝。此时，根据过去种种购买、浏览记录形成的画像，人工智能会分析我们对哪些品牌最有好感、最渴望的价格区间在哪里，这些内容迅速传输给相关品牌并作出建议。品牌根据人工智能的分析，将精准产品直接投放于我们的推荐位，我们会惊奇地发现："原来平台如此懂我！"

这就是人工智能带来的全新商业模式。根据每一个人的不同特点，进行维度分析并画像，由此进行产品优先推荐，这种"智能化、定制化"的商业模式，是过去不可想象的。

这就意味着：商业模式呈现个性化发展，它没有固定的某一种套路，根据人工智能分析，为每一名用户进行量身打造的商业营销，甚至根据用户的消费能力制订差异化定价，实现真正的"智能精准"商业模式。

可以看到，新的商业模式中，包含了大数据技术、云处理技术等，它直接打通了用户、平台、企业、产品之间的关联，让所有信息的传递更透明、高效。这一切的根基，就在于人工智能进行的预测、判断、推荐。缺少人工智能为核心，所做的推荐就是无意义的，甚至与客户的需求完全相悖：没有对用户进行精准画像，向一名尚在学校的男孩子推荐婴幼儿产品，不仅不会转化为直接购买力，甚至还会让用户感到莫名其妙，对平台的信任大大降低。

银行领域同样如此，人工智能的引入，会对银行进行深层次的优化。例如，银行想要推出一款新的理财产品，过去的做法是：向所有用户编写统一的内容进行短信发送。尽管可以做到最大限度地通知所有客户，但是这款产品究竟适合哪些客户？这种推送的转化率究竟有多高？非目标群体之外的客户，经常收到这些垃圾短信，是否对我们依然信任？

一旦引入人工智能，配合相关大数据、云技术，这些问题就会迎刃而解。例如，一名客户在银行内存款一千万元，此时优秀的人工智能会捕捉其他公开数据，发现其在北京同时拥有三处房产，这就意味着这名客户的身家会达到三千万元。根据这一数据，银行推荐最适合他的理财产品，能够完全满足他的理财需求，这时候转化率就会大大提升。

以此类推，通过人工智能分析每一名客户的特点，划分不同群体，根据群体进行产品制订与推送，这样购买率会得到有效提升，银行精准化产品的设计也将大为丰富，这对银行的利润增长非常巨大。

从以上两个案例，可以看到人工智能对于后互联网时代商业规则的改变在于此：

1. 解决行业存在持续痛点

任何一家企业，都存在这样的痛点：

（1）我们的客户是谁？

（2）我们的客户在哪里？

（3）如何打动客户？

（4）如何持续性地打动客户？

（5）如何打造品牌自身的消费闭环？

2. 如何解决企业的自身痛点？

企业自身的痛点，同样困惑着进一步的发展：

（1）商业流程本身是否合理？

（2）企业的内部问题能否有效细分并清晰界定？

（3）我们推出的产品，是否是客户真正需要的？

（4）商业流程是否存在重复？如何进行优化？

这两点，恰恰是传统企业亟待破解的瓶颈。一旦解决这两个问题，"流量为王"的时代将会彻底颠覆，"精准化、智能化、个性化、私密化"才是发展的重点。能不能找到客户的精准痛点，通过人工智能进行精准化服务，这是俘获用户的关键所在。没有目的、没有方向的烧钱营销大战，即将彻底成为过去。

例如，当我们将人工智能系统引入企业管理之中，就会不断捕捉并分析每一名员工的特点。他们的工作习惯，是否与企业的规则有一定冲突？某一个流程规定，对一个项目的开展究竟带来积极的推动，还是反而造成流程复杂、降低效率？

最重要的一点：人工智能不仅会发现这些问题，还会通过大数据与云计算进行建模，根据不同任务、不同员工的特点，提出最合理的流程模型。哪个位置需要怎样性格、经历的负责人？这个项目之中，一线员工的哪些素质要求在第一位？哪些是次要能力？……当有了这样一个完善的模型，根据建议组建团队，会取得事半功倍的效果。

由此可见，后互联网时代，人工智能会成为非常重要的工具，不仅对于客户，更包括企业内部管理。所以，它带来的颠覆性，要超过之前任何一次商业模式的影响力！

1.3　万物智能互联，每个人都逃不开

人工智能的诞生，与互联网密切相关。互联网，彻底颠覆了人与人之间的交流模式，"最后一寸壁垒"被彻底打破。互联网的横空出世，让"互联"成为可能，人工智能借助大数据、云计算等，将每一个人牢牢连接在一起。

但是，互联网时代的人工智能，仅仅只是 1.0 时代。

物联网开启的"万物智能互联"，是人工智能的 2.0 时代。2.0 时代的人工智能，每个人、每个物品，都会形成"互联"，谁也无法逃脱。

一、物联网下的人工智能

互联网，对这个世界产生了强烈的影响，尤其是传统产业，如淘宝、京东对于传统零售的冲击。随后，互联网进入"二维世界"，即我们更加紧密的生活——滴滴打车、上门洗车、共享单车……我们的任何需求，都会通过互联网被实现。

但是，物联网的出现，将会进一步重塑世界——建立三维世界！在新的物联网领域中，互联网依然存在，但是它们会更加"不留痕迹"地影响我们的生活。我们看不见、摸不到，正如空气，但互联网依托人工智能，会让世界变得更加与众不同。

到底什么是物联网？

顾名思义，物联网就是物物相连的互联网。

人，是智能生物，天生带有智能系统；但是，物品如果也植入人工智能系统，会产生怎样的效果？这就意味着：通过智能感知、识别技术与普适计算等通信感知技术，人与人之间的智能将会扩展到物品与物品之间！冷冰冰的产品出现智能化特点，所以，物联网被称为继计算机、互联网之后世界信息产业发展的第三次浪潮。

物联网的建设早已开始，到 2020 年，将有 500 亿台设备通过网络实现互联。它们通过云数据中心不断交换"情绪"，开启万物智能互联的新世界。

"万物智能互联，每个人都无法逃开"，物联网社会，正在不断形成之中。每个人、每一件物品，都会成为"终端"，它不仅包括PC、手机，还包括各类可穿戴设备、智能硬件设备，甚至汽车等。在物联网中，没有所谓的边界，一切皆可物联！

物联的表面，是人、设备的关联；而它的核心，则在于人工智能的植入。

未来的智能零售，会基于 O2O 大屏交互平台进行，这样的产品会实现人机实时互动，基于产品的特性、用户的数据，进行云端数据分析关联，提升用户的个性化体验。

例如，当我们来到一台饮料自动贩卖机之前，只需扬起手环，与自动贩卖机的扫描设备进行对接，人体相关信息就会被读取：此刻，我们的身体机能处于怎样的状态；最需要碳酸性饮料还是功能性饮料；哪些饮料并不适合我们……

很快，自动贩卖机将会根据我们的特点进行饮料推荐，A、B、C三款饮料出现在屏幕之上，它们的特点分别是什么一目了然。做出选择后，我们不用进行任何支付即可开罐畅饮，因为贩卖机已经通过手环，自动进行支付！

这样的场景，我们在科幻电影中多次看到；今天，它正在不断成为现实。

这就是物联网的魅力。人工智能在背后不断运转，分析我们的需求、痛点，做出最精准的建议，大大提高体验。甚至，实感 3D 摄像头可捕获人脸的纵深信息，人工智能直接挖掘我们的"微表情"，对选择做出判断！

不仅零售，金融、教育、出行、餐饮……这样的物联系统会通过各种科技手段捕捉信息，为人工智能提供数据参考，建立更加全新的交互应用思维。

甚至，当我们缴费时，物联网都会不动声色地捕捉到我们的缴费项目是什么，并根据我们的账户信息特征主动推送优惠套餐，这时候，我们与世界交流的一切，都会以人工智能为基础的物联网进行！

物联网是一个价值共享平台，更是完善的生态系统。任何产品之间、产品与人之间，都会形成"互联"。例如，人工智能家居产品连接到用户，同时它也连接到小区安防系统、智慧城市系统，人工智能借助大数据捕捉每一个环节上的信息，并作出信息筛选与推送。未来，世界一定是一个"超级互联村落"！

这样的设想，已经正在成为现实。英特尔物联网推出的物联芯片，已经将零售、安防、交通、金融和智慧城市等领域纳入其中，并与人相互连。"智能物联，从芯开始"，这一天，已经不再遥远。

二、工业互联网创造的人工智能时代

物联网时代，传统的社会关系网会被彻底颠覆，新的链接重在形成。每一个人都是"端点"，进行价值输送。

这一变化，不仅局限于生活、娱乐、出行，更会影响到工业体系。工业互联网，同样绕不开人工智能的影响。

首当其冲的，是价值分配会出现明显变化。在过去，工业生产遵循的是"按消费生产，按价值分配"的规则；但未来，"按需求生产，按需求分配"，创造无限接近于需求。

为什么会出现这样的变化？

这一切，都是由消费市场的物联网决定的——通过人工智能信息捕捉，企业获知消费者对于某一件产品的具体需求量是多少，这些信息并非孤立得来，而是整个物联网大数据的汇总，它具有很明确的数字说明。通过这些数字，企业按照市场真正的需求进行生产，新的工业模式得以呈现。

不仅工业模式被颠覆，生产模式，同样在工业互联网的影响下呈现变化，人工智能逐渐取代传统的人力体系。

2017年12月，苹果代工工厂鸿海集团与前百度首席科学吴恩达共同创建全新工厂，AI成为这一工厂的核心。

传统的加工企业，对于质检往往需要人工进行，人工成本极高，同时效率较低；但是，在这家新的工厂，将会引入AI技术：将一块电路板放在与电脑连接的数字摄像机下方，电脑就能够辨识出零部件的缺陷。人工智能已经进入制造领域，尤其对自动质量控制、预测性维护等提供了非常完善的解决方案。

这就意味着，更客观、更高效、更智能化的人工智能系统，将会逐渐淘汰传统工人。这就是为什么，诸如鸿海、富士康、戴尔、惠普等企业近年来不断裁员的原因：人工智能大浪袭来，不进行积极的转变，就会被时代淘汰！

这一切，尽管当下尚未真正到来，但是我们知道：世界上最伟大的改变永远在未来。人工智能已经不可逆转，物联网、工业互联网正在颠覆着我们的认知。随着"网"的宽度、密度不断增加，未来的世界，必然是我们不可想象的模样……

1.4　积极拥抱 AI，迎接时代变局

人工智能时代不可逆转，我们需要做的，不是抵制，而是拥抱。

正如工业革命带来的火车、汽车。无论我们如何迷恋马车时代，在新时代的面前，能源革命将过去的种种，彻底击得粉碎。

人工智能同样如此，不想被时代抛弃，就必须跳上时代的列车。人工智能的出现，意味着时代将会出现大的变革，这种变革，不以某一个人、某一家企业的意志而转变。

一、AI 带来的时代变局

计算机与信息技术的诞生，被誉为第三次工业革命的开始。计算机的出现，对于人类工业生产、信息生产与民众生活习惯的改变根深蒂固。

而依托于第三次工业革命，人工智能、机器人技术、量子通信技

术则被冠以"第四次工业革命"。相比较第三次工业革命，人类进一步得到解放，人工智能代替人类，完成更多工作，同时开始模拟人的思维与智力，进行全方位的智能升级。机器，不再只是冷冰冰的机器；它们越来越像有血有肉的"人"。

当下，人工智能所涉及的学科，已经包括了计算机科学、社会学、心理学、哲学还有语言学，远远超出了单纯计算机代码、互联网的范畴。从最初的模拟人类，到延伸、再到如今的扩展人类，它已经具备了"类人智能"的特点与系统。

也许，身为普通人的我们，会认为人工智能是苹果的 SIRI，是战胜柯洁的 Alpha Go，是帮助我们自助缴费的银行金融机，潜意识里认为："AI 不过是一个程序罢了！"但是，这套程序的庞大，已经超出我们的想象——

机器视觉、指纹识别、人脸识别、视网膜识别、掌纹识别、专家系统、智能搜索、智能医学、博弈、智能控制、语言和图像的理解、遗传编程……

我们误以为人工智能只是简单的程序，但是，人工智能却轻松"蒙骗"我们——我们越是认为 AI 很容易，就越是证明 AI 的底层技术更加丰富。正因为底层技术的庞大，才让人工智能轻松应对我们的生活，才能无缝地切入这个时代！

所以，人工智能不只是计算机学科的进步，而是属于自然学科、社会学科和技术学科三向的交叉，它代表着一门新的学科诞生。正因为此，它才被誉为"第四次工业革命"的开端，彻底改变时代的格局。

以汽车为例。1886 年，第一辆汽车由卡尔·本茨发明，随后一百多年的时间，汽车尽管在不断发展，但它的本质没有改变，动力系统、驾驶方式、安全体系不断升级但并非变革；而智能汽车的出现，却彻底颠覆了汽车的生态——CPU 植入、全人工智能系统驾驶、前视雷达、激光雷达、高精地图及诸多智能科技设备的引入，人的操作让位于 AI，彻底颠覆了我们曾经的认知。

看看已经在不断试验、并开始在路上行驶的谷歌汽车吧。未来的我们踏入汽车后，无需紧握方向盘，甚至酣睡一场也无妨！一觉醒来，目的地到达，智能汽车自动寻找停车位，一切都不再需要我们的参与！

这样的场景，会出现在越来越多的行业之中。任何新科技的诞生，都会将"传统"彻底埋葬，正如机械设备的出现，宣布了马车、人力的"下岗"；人工智能的出现，则会加速当下的众多"科技 1.0 产品"淘汰。

二、世界，正在拥抱 AI

时代的变革，已经出现。整个世界，都在积极拥抱 AI。

有媒体曾经做过统计：前 31 个发达经济体中。即便体量最大的美国，增速也在放缓，工业化为世界提供的动能，正在不断降低。2008 年的国际金融危机，就是传统工业不断落寞的典型体现。

2013 年之后，伴随着世界金融危机的逐渐消退，人工智能的"新发动机"，已经开始越来越受到关注。这其中，美国自然成为领头羊。2016 年 10 月 13 日，美国奥巴马政府时期总统办公室发布《为了人工智能的未来做好准备》和《美国国家人工智能研究与发展战略规划》，明确说明：未来人工智能，将会成为美国经济的新增长点。2015 年，美国政府在人工智能相关技术方面投入约 11 亿美元。截至 2016 年年初，全球已有 957 家人工智能公司，美国公司的数量超过 50%，达到

499家。

日本、欧盟同样加入到AI大军之中。2016年8月11日，日本政府将人工智能相关跨部门政策内容写入2016年度第二次补充预算案。对于人工智能企业，日本政府还给予优惠税收、贷款、减税等服务。而欧盟则将目光投向更远的未来——人脑技术的研究，标志着"人机一体"的时代正在不断走进。

同时，传统工业发达的德国，也开始进行人工智能研发，如自动驾驶、语音识别、图像识别、机器学习、智能机器人人体跟踪等领域，德国创造出了一系列的科研成果。

作为世界第二大经济体，中国同样也不例外。统计显示，截至2016年9月，我国人工智能创业公司数量200余家，据中投顾问发布的《2016—2020年中国人脸识别行业投资分析及前景预测报告》显示，目前人脸识别市场已经进入了加速发展时期，2012年国内规模是16.7亿元，到2015年就已经上升至75亿元。

相比较其他地区，中国人工智能的落地应用最为丰富，制造业、物流业、服务业，人工智能已经不再陌生。2017年2月，人工智能2.0计划被列入科技创新2030中的一个重大项目，这也意味着面向2030年，人工智能2.0将成为体现中国国家战略意图的重大科技项目。

三、学会积极拥抱AI

时代正在被重塑，我们需要做的，是拥抱新时代，拥抱AI。

不懂拥抱，就意味着被淘汰，这是历史规律。正如马化腾在谈及AI时所说："我们现在越来越感觉到，最终可能还是要通过技术的进步，企业才有可能保持在战略方面的制高点。否则当一个浪潮到来的

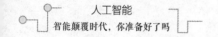

时候，很多人都看到了，可有的人能把握住，而有的人把握不住，原因就在于你有没有掌握这个技术。"

所以，我们要学会积极拥抱 AI。这句话看似很简单，但背后蕴藏的逻辑是：

1. 认清 AI 对于世界的改变

首先，我们要看到 AI 对世界产生了怎样的变化。为什么，诸如谷歌、苹果、联想、百度、小米等，无一例外都在加大对于人工智能的研发？它们从哪些角度正在做出改变——

对客户，提供了怎样颠覆性的产品与服务？

对企业，提供了怎样全新的经营理念与思路？

对企业与客户，人工智能建立出了怎样的沟通新模式？它对企业和客户都会形成怎样的特点？

甚至对于整个社会，对于人际交往，人工智能正在如何重塑社交？

2.AI 的具体应用在哪里？

AI 是一门学科，它的应用不限于某一个细节。视觉识别是 AI，物流网络是 AI，手机上最常见的语音互助同样是 AI。它无处不在，既可以是一个管理体系，又可以是一个具体产品。

如果我们是一家企业的老板，AI 的具体应用会在哪里？是否能再企业管理中植入 AI？

如果我们是家里的顶梁柱，那么能否借助 AI，给整个家庭带来安全保障？

如果我们是一名学生，如何通过 AI，去掌握更多的知识，成为"学霸"？

......

理解 AI 的应用，才能真正意识到 AI 的魅力。去思考这一系列问题吧，当你找到了答案，那么就会真正理解 AI，拥抱 AI！

1.5　人类角色改变，AI 与人类融洽相处

任何新生事物的出现，都会经历从恐惧到相互熟知，再到融洽共生的阶段。

正如第一次工业革命，标志着机器的诞生，人类进入到全新阶段。但在最初，民众对于"机器"这些庞然大物却是充满恐惧心理的——珍妮纺织机以后，传统人力纺纱的工人们感到了恐惧，联合起来砸掉纺纱机器、烧毁纺纱工厂。但最终，手工纺纱机退出了历史的舞台。如今，机器已经成为人类生存必不可少的"助手"。

这样的故事，在当下的 AI 时代同样正在发生。有太多的人会担心：我们真的能和 AI 融洽相处吗？人工智能的出现，必然预示着人类的饭碗被抢走，失业人数加剧，这真的是我们想要的生活吗？

的确，相比较人工智能，人类在很多领域相比，的确太过"渺小"。出现这种心态，并非证明了 AI 的可怕，而是因为我们的思维出现了偏差：如果想在技能上与 AI 比赛，那么我们选错了跑道，柯洁在惨败于 Alpha Go 时，就已经做出了表态。

我们必须意识到：AI 的出现，将会加速人类角色的改变。我们要做的，不是放置 AI 在技能上超过人类，而是进行人类自身的变革，

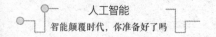

更好地适应和拥抱 AI 时代。

正如柯洁，见识了 AlphaGo 的实力后，他曾表示：未来不会再与人工智能对战。言外之意，表现出了对于 AI 的恐惧。但随后，他又选择食言，加入到人工智能的升级之中。

为什么，会从最初的恐惧，发展到如今主动与 AI 融洽相处？听听柯洁的表态吧："我当时觉得和人工智能下（棋）已经没有什么实际意义了，因为那时候我一直感到 AlphaGo 的差距不是后天努力所能弥补的，所以大概也觉得挺难过的。后来我就觉得，这并不是我一个人的事情，还有这么多的爱好者、支持者和喜欢围棋的人一直在享受围棋带给他们的快乐。"

这才是人类对于 AI 的正确心态。主动进行角色转变，那么你会发现 AI 不仅不会成为敌人，反而会成为人类发展的最佳助手，甚至超过第一次工业革命期间诞生的机器！

柯洁为我们做出了榜样，接下来，就是整个人类的心态转变。

一、AI 是否真的可怕？

想要与 AI 融洽相处，首先，我们要意识到：AI 并不可怕，它的作用是服务于人类。

对 AI 产生恐惧的人群，往往对 AI 的了解并不充分，误认为 AI 是近年来才出现的新兴事物，会以摧枯拉朽之势毁灭人类。

这种想法，恰恰暴露了我们对于 AI 的认知误解：AI 的诞生，可以追溯至 20 世纪 50 年代，经过半个多世纪的发展，才有了今天的能力。即便如此，AI 依然只能应用于垂直领域，如数据处理、数据分析、精准信息投送、特定单项技能之上。

正如 AlphaGo，尽管在围棋领域击败人类选手无敌手，但它仅仅只"懂得"围棋，其他领域一无所知。即便最简单的"1+1 等于几"，它也无法进行计算。

受限于科学技术，未来的很长一段时间内，AI 依然只能进行垂直化工作，在特定领域中发挥作用。它与科幻电影中和广义的人工智能还非常遥远。尤其对于人类情绪分析等领域，人工智能存在明显偏差。

最关键的一点就在于：人工智能的开发，是由人类所推动，它的目的就是服务于人类。尽管人工智能具有自主智能发展的特点，但底层数据皆为人类开发，人类会根据 AI 系统不断评估并调整。

正如第一次工业时代的人类，在最初认为机器是"恶魔"、不断将其破坏捣毁后，渐渐意识到机器对于人类发展的重要性，开始转变态度，从恐惧到信任。就像医疗，手术设备、显微镜的不断出现，并没有让医生这个行业消失，反而更加促进了现代医学的发展与大爆发。AI 同样如此，有了它的介入，人类将会投入精力进入到人工智能领域无法企及的领域之中。

二、学会与 AI 融洽相处

每一台机器，都有自己的特长与不足。

同样，无论怎样的 AI，也会有自己的特长与漏洞。想要真正与 AI 融洽相处，最关键一点，就是了解人和 AI 如何互补。AI 所擅长的，是自动重复任务，尤其在现阶段，识别图案和处理规模任务是它的最大优势；而人类所擅长的，则是感性思维，可以进行实施反推理。

早在 1996 年，国际象棋冠军卡斯帕罗夫败于初代人工智能"深蓝"之时，就曾感悟到："其实，AI 的强项正是人类的弱项，反之亦然。

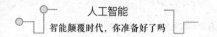

如果 AI 不是人类的对手，而是作为队友和我们下象棋的话，情况会是怎样呢？我们可以将精力集中在战略部署上，而不需要在计算方面花费大量的时间，这样的话，人类的创造力就能更上一层楼。"

这同样是柯洁又一次回归人工智能领域的原因。协作，帮助人类解决问题，这是 AI 诞生的初衷和唯一目的。正如同样身在乌镇观赏柯洁与 Alpha Go "人机大战"的 Alphabet 执行董事长施密特称："科学家通过驾驭 AI 可以探索只靠电脑或人脑做不到的事情，这也是人机智能共同协作时代的开启。"

当下的 AI 发展，有赖于特定的基础设施和人，资源对其有着明显的制约；与此同时，在某些特定领域，AI 展现出了强大的人工辅助能力，如机械化劳动、低技术体力劳动等。正是因为这两个特点，AI 能够有效被人类利用，并进行人力资源的重新分配。可以说，它是人类改变世界的最佳工具。

人工智能当然有领先于人类的一面，但我们不必因此过于杞人忧天，尤其在 AI 时代刚刚开启的阶段。借助 AI 创造更大的辉煌，让 AI 成为人类发展的有力推动器，学会拥抱 AI，对自身角色进行转变，这样 AI 才会爆发出更大的潜能！

认知突围:你所知道的,未来都会变革

你所认知的人工智能是什么? SIRI 语音? 智能导航地图? 这些当然都是 AI 产品,但它们只是人工智能的初级形态。AI 的诞生,将会大大改变我们的工作方式与生活方式,甚至曾经独属于人类的艺术创作,也开始出现人工智能的身影……

2.1 智能时代，任何人都可以使用 AI

科技的进步，最终落脚点就在于"服务大众"。

PC 时代，互联网的出现颠覆了民众的生活方式，然而，受限于计算机应用技术，它的受众群主要集中于年轻群体。

移动互联网时代，伴随着更为便捷的智能手机的诞生，"全民互联网"时代正式到来。但是，移动互联网依然涉及各类较为复杂的操作，中老年人对于移动互联网的应用仅限于"冰山一角"。

直到未来的智能时代到来，AI 才会真正实现"人人都能轻松使用"的梦想。相比较传统 PC 与智能手机，AI 带来的"全维度智能体系"，将会进一步对社会的各个方面产生变革。

一、人的需求，是 AI 进化的基础

AI 的应用已经越来越广泛，尽管当下仅仅只是人工智能的初级阶段，但是可以看到：它的应用正在于"民间"——无论小米推出的"小爱智能音箱"，还是苹果推出的"Face ID"，无一例外这些人工智能产品都将"生活应用"作为了切入点。

生活应用，它包含的不仅是能够玩转互联网的年轻人，还有懵懂的孩子与渐渐老去的老人。也许他们无法掌握复杂的操作技巧，但却同样具有"眨眨眼支付、刷刷脸进门"的需求，同样渴望感受到科技的魅力。

这才是人工智能发展的首要诉求——满足每个人的需求。

以 Iphone 为例，所推出的"Face ID"即为"刷脸付款"，它通过人脸识别技术进行生物特征认证，相比较指纹等传统验证方式，它的安全性整整提升了 20 倍。

更重要的是：这种更加快捷的验证方式，会大大提升客户用户体验，即便不懂任何智能手机操作的老人，同样可以享受人工智能带来的便捷。老人甚至无需掏出手机，超市中只要在摄像头前露个脸，商品就会从货架上自动取出，即可体验人工智能带来的极佳体验。

这种未来将会逐渐成为主流的刷脸技术，不仅能应用于购物之上，同样可以适用于安检之上。百度就已经推出"人脸识别安监系统"，员工进入百度办公区域不必刷卡，只要通过"刷脸"即可自由进出办公区域。

以此类推，这个技术可以有效应用于社区、幼儿园、学校之中——

清晨，老人在菜市场买菜结束后，抱着满满的菜筐走到小区门前。他不必再放下手中的东西，而是对着摄像头眨了眨眼，"咔嚓"一声，门已经缓缓打开；

早上八点，父亲驱车将孩子送到小学门前。由于路况较差，他无法停车将孩子亲自送进学校。这时，孩子一个人走到校门口，摄像头捕捉到孩子的面部，主动进行信息登记，记录到校时间，父亲放心地离去；

傍晚，爷爷到幼儿园门前接可爱的小孙子。他来到家长等待区，摄像头进行面部捕捉，并作出提示："×××的家长已经到来，孩子可以安全出园。"直到这一刻，孩子才能快乐地飞奔而出……

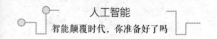

这仅仅只是人工智能的一个细节应用剖面，却生动地展示出了这样的场景：人工智能时代，人人都是人工智能的受益者！人有什么样的需求，人工智能就会有怎样的发展，科技更加服务于人类。

所以，人工智能时代，任何人都可以使用 AI，无论成年人、孩子、老人，抑或残疾人。有了需求，就会有改变的方向。

二、特殊工种的需求，AI 同样满足"欲望"

AI 诞生的目的是什么？

解决人类的需求。这种需求，既有民众最基本的生活需求，如购物、联络、出行等，同样还有特殊工种的需求。尤其借助 AI 的大数据化、云处理化等底层技术，很多看似较为专业的特殊工种，也会大大优化流程、提升效率。

一个很简单的例子就是：微信的语音，能够几秒钟内转换为文字，这正是人工智能的功劳：大数据快速比对各类语音，云处理第一时间进行转换，这让语音转换变得不再复杂。

而在过去，这项工作完全需要人工完成——坐席人员首先聆听语音，在电脑端进行初步记录；如果音质较差，还需要反复多次聆听。这个流程，通常需要 3 分钟左右，与几秒钟的人工智能相比，高下立判。

专业领域的语音转换，会更加专业与精准。人工智能时代下，语音识别准确率高达 97%，甚至直播活动，凭借强大的语音转换，现场语言可以做到零延迟的实时字幕，这在过去是不可想象的。

更为专业的国际性会议，通常具有多国语言实时翻译的需求。在过去，往往需要配备多达数十名的同传翻译，效率低、成本高，所以可以看到：很多国际性会议，最少会有两名同传翻译定期更换。会议的时间越长，翻译质量就越无法得到保证。

但随着人工智能技术的引入，实时翻译的难度大大降低，同时有效保证翻译的质量。这样的产品，事实上已经逐渐从专业领域向民用领域发展，例如 2017 年，Google 推出了 Pixel Buds 耳机，这款耳机能够即时翻译 40 种语言，跨语言沟通不再是难事，被纳入 2018 年麻省理工科技评论的"全球十大突破性技术"。

拥有这款耳机意味着什么？意味着未来只要带上耳机，我们即可轻松"阅读"《人民日报》《朝日新闻》《纽约时报》电台版，即便我们不懂任何一门外语。

当然，这并不意味着相关从业人士被淘汰。正如翻译家，人工智能翻译系统的出现为他们解决了初步的快速翻译，更贴近场景的翻译依然需要这些专家完成。但是，人工智能大大优化了这一流程，成为提升工作效率的有小助手。

对于特殊公众的服务，同时包括法律、金融、工业生产、地质勘探、海洋勘探等。每一个领域，AI 都会通过自身强大的学习能力与高效的操作能力，帮助人类解决过去较为复杂的问题。所以，无论是谁，人人都是 AI 进化的受益者。

三、需求：AI 进化的基础

无论对于民生领域，还是专业领域，都可以找到这样的规律：有什么样的需求，就会有什么样的 AI。

需求才是 AI 进化的基础。人类需要人工智能的协助，所以 AI 的概念被提出，并不断发展；人类需要场景应用更广泛的 AI，那么相关 AI 就会应运而生。

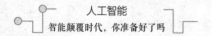

2017 年，亚马逊推出的无人超市 Amazon Go 就是对于需求的重塑。

对于超市，民众的需求是什么？心烦的事情又是什么？

需求：快速便捷购买。

痛点：排队结账。

几乎所有超市，无一例外都存在排队过长、结账过慢的问题，这是几乎所有消费者的痛点。正是基于此，Amazon Go 采用计算机视觉、深度学习以及传感器融合等技术自动识别顾客的动作、商品位置以及商品状态，当用户拿到产品后，完全可以无需排队直接离开商店，智能手机能够自动完成结算，真正实现"拿了就走"的梦想！

Amazon Go 的诞生，始终紧贴"民众需求"，无论从产品选取方式到结算方式，都在尽可能向民众的需求靠拢。Amazon Go 仅仅只是一个开始，需求是什么，甚至针对每个人的个性化需求进行模式调整，这是 AI 最突出的特点。

想想看，我们有什么样的需求？ AI 正在捕捉你的想法，并将其一点点实现……

2.2 AI 改变人类的工作方式与生活方式

从手机到棋类游戏，从人工智能家居产品到无人驾驶汽车，再到人工智能办公室，如今的 AI，几乎已经"无所不在"，我们的生活方式、工作方式也在进行着巨大的变化。人工智能，已经逐渐完成接近人类的过程，开始进入"改变人类"的阶段。

不要觉得这是天方夜谭，事实上，从智能手表、智能手环等可穿戴设备的诞生，这种改变就已经开始。这类智能产品尽管功能性较为单一，但却可以有效捕捉我们每天的活动量、睡眠质量等，并在智能手机 APP 端生成健康报告，随时提示我们的健康状况。

这种"轻松抬手，获知健康"的模式，正在悄然改变着我们对于健康关注的方式——过去，即便进行简单的检查，也需要到医院才能完成；而人工智能产品的出现，让我们对健康指数一目了然，每一个人都能快速获悉身体指标。

未来，随着相关智能穿戴设备的功能进一步完善，如血压测量、一键呼叫急救、情绪测量，甚至直接介入相关集料机构等逐一完善，人工智能对于人类生活方式的改变将更加明显。

智能手表、智能手环的出现，只是人工智能对于人类工作与生活方式改变的第一步。随着越来越多 AI 系统、人工智能产品的推出，人工智能的热潮进一步被点燃，并逐渐向生活、工作的各个细节渗透。

1. 汽车领域的改变

谷歌无人驾驶汽车，代表着人工智能对于出行方式的终极改变；而在现阶段，传统能源汽车同样引入 AI 系统，对驾驶方式有了明显变化。

例如，越来越多的汽车，已经将"智能系统"作为卖点，芯片、传感器和软件等辅助加持产品，正在不断引入。例如，新款奥迪 A8 就采用了矩阵式 LED 前大灯，能根据周边环境使局部区域灯光变暗，避免了给对向车辆驾驶员造成炫目，人工智能系统进行安全保障。

而上汽旗下采用的"斑马智行"系统，同样具备强大的人工智能

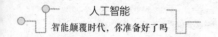

体系。语音打开天窗、车窗、调节雨刷，远程智能开启空调、智能寻找停车位等，过去需要繁琐操作的功能，如今只需要语音或 APP 即可完成。

2. 私人助理方兴未艾

Siri、Cortana、Google Assistant、小米小爱……近年来，各类人工智能私人助理系统同样得到了有效发展。这些私人助理助手可以通过语音与设备进行"对话"，如开启家门、放热水等。私人助理会与智能家居产品相关联，通过语音模式进行控制。

甚至，私人助理还会根据用户的需求，预测人类行为，进行更加密切的交互。

例如：小 A 每天六点半起床，半个小时锻炼后进行早餐。某一天，私人助理发现小 A 并未按时起床，于是进行多次智能呼叫；六点四十五分，小 A 依然没有反应，私人助理立刻接通小 A 个人健康医生的电话。

正如科幻片《钢铁侠》所描绘的那样，AI 会进一步加深人机交互体验，甚至根据用户的情绪进行场景调节：发现用户进入家后面露疲惫，主动播放舒缓的音乐，帮助其降低压力。未来，个性化人工智能设备将在联网住宅"共存"，成为真正的"家庭管家"。

3. 金融领域的改变

金融领域，如今也来越受到民众的关注，金融需求越来越大，例如通过 APP 进行信用贷款或投资理财等。无论支付宝、微信还是京东，都推出了相关金融业务，让互联网金融的发展更加火热。

相比较传统金融，互联网金融具有不受地域限制、完全线上办理等特点，所以，它对人工智能的需求就更加强烈。借助人工智能，会对贷款人进行全方位的信用评估，这是整个代管流程的关键。

支付宝、微信微粒贷等，目前都已与中国人民银行的征信系统与公安系统的身份系统相结合，用户不必进行繁琐的征信报告上传，人工智能打通各个环节的信息流通。利用互联网系统，人工智能能够实现全网搜索贷款申请人的信用信息、债务状况、诉讼案件、公司稳定性等，甚至能够将微博等社交网站的信息进行捕捉。

完全依靠人工智能进行相关信息筛选，形成"监督官"效应，互联网金融公司往往能够在几秒到十几分钟内，完成对申请人信用状况的分析，并作出维度图，判断是否可以进行放贷。而传统金融公司，这些工作甚至需要十几天以上的时间。人工智能，已经对金融领域形成了颠覆。

4. 传统行业生产模式与供应链的改变

对于传统生产加工企业而言，供应链的改革迫在眉睫。传统统计方法，往往对供需关系、工序流程存在预测误差，结果导致供过于求或供不应求的情形，供应链管理效率低下。

日本多家企业，曾经推出过车间自动化、准时化等举措，以便改善生产效率，提升供应链控制。尽管得到了一些效果，但并没有从根本解决问题。所以，人工智能引入企业供应链管理，越来越成为主流。

有数据显示：中国某钢铁企业通过人工智能进行供应链改造，采购资金节省了1亿元以上，3个月的市场销量预测准确率从75%提高到85%以上。为什么会产生这样的效果？原因就在于——

人工智能不仅会分析企业本身的发展，还会通过大数据对整个行业进行捕捉，包括供应商变化、市场需求变化等。对市场、供应链有了完整数据做参考，那么生产方式必然会向"按需生产"转变，工人管理、生产方式也会进行调整。

"越智能，越精准"，这是人工智能对于传统行业的改变。

5. 对医疗工作的颠覆

医疗领域，同时开始出现人工智能的身影，甚至出现了"机器人医生"。医学是一门非常深奥的学科，每一名医生都必须掌握非常庞大的知识库。但是，人类的大脑容量是有限的，不可能读完相关领域的所有论文，也不可能记住人类可能患上的上万种疾病。

"机器人医生"的出现，则改变了这一局面。它会通过深度学习，持续性地从大量的医学工具书、医学新闻中提到的电子病历进行机器学习。机器人医生不会取代真实医生的工作，但是它能够通过病历第一时间分析原因，并提出"意见"，帮助医生进行判断，大大节省了医疗机构的成本，提升效率，能够有效提升医患关系。

以上这些，仅仅只是 AI 对于人类生活方式、工作方式改变的某个切面，还有更多的产业，会因为人工智能的出现彻底被颠覆。正如第三届世界互联网大会上，图灵奖获得者、世界著名人工智能专家雷伊·雷蒂说："可以预见，在未来三十年内，将会实现人工智能的高度普及。"当人工智能照进现实，生活方式会更加多元，工作方式也会越来越充满"科技感"！

2.3　深度学习将变得重要而简单

Alpha Go 与柯洁的故事，至今仍然被人津津乐道。但就在 2017 年 10 月，"人机大战"几个月之后，一则新闻，再次刷爆了所有人的认知。

近日，谷歌人工智能团队 DeepMind 在 *Nature* 上发布了他们最新的论文，新版 AlphaGo——AlphaGo Zero 可以只在了解比赛规则，没有人类指导的情况下实现自我学习。短短 3 天，AlphaGo Zero 击败了过去所有版本的 AlphaGo，包括曾击败世界冠军李世石、柯洁的 AlphaGo。

当初以 4∶1 完胜李世乭的 AlphaGo Lee，已经是人类围棋界的顶级水平，但与 AlphaGo Zero 对弈，比分是 100∶0，完败。

几个月前，在乌镇以 3∶0 击败柯洁，成为世界冠军的 AlphaGo（Master），也被 AlphaGo Zero 挑于马下——胜率高达 90%。

毫无疑问，AlphaGo Zero 就是当今世上棋力最强的围棋选手。更可怕的是，AlphaGo Zero 的成长，完全没有人类进行干预。

——摘自《AlphaGo 进化速度再次震惊所有人》，互联网思想资讯.

为什么，仅仅几个月的时间，AlphaGo 会再次变身、升级，变得真正战无不胜？

早在柯洁 AlphaGo 对弈之时，"深度学习"这一词就被新闻媒体广泛传播。人们原以为，"深度学习"仅仅只是类似人类按部就班的学习，需要长时间的积累才能体现出进步。但却不曾想，人工智能的"深度学习"，早已颠覆了人类的认知，并创造出人类完全无法实现的辉煌！

对于人工智能的解读文章，我们已经读了很多，但"深度学习"这个词，却恰恰是我们容易忽视的。但事实上，"深度学习"才是人工智能真正的"可怕之处"——它有别于过去的"智能"，AI 程序可以通过自学的方式进步，而不是被人类设定。

也许，我们会对某些人工智能产品鄙夷，如部分"伪人工智能机器人"，它对我们做出反应，仅仅只是因为通过按键、语音激活某个程序罢了。说到底，它只是一种"感应装置"。

但是，真正的人工智能，如 Alpha Go Zero，它们却能够自主进行升级，完全按照庞大的数据、运算机制进行自动升级。换而言之，诞生之时 Alpha Go Zero 只是一个了解围棋规则的"菜鸟选手"，它没有任何资料作参考。但是通过"深度学习"，仅仅三天时间，它就成为了最顶级的围棋选手！

深度学习，这才是人工智能的核心。它看起来似乎很简单：不依赖人类，只要告诉它们规则即可自主成长；但这又是最重要的部分——只有能够不断进行自我学习的人工智能，才是真正的人工智能！

一天前，它还只是嗷嗷待哺的婴儿；

一天后，它已经成长为堪比钢铁侠的战士。

这样的人工智能，自然让我们惊讶，让我们叹服，让我们恐惧。

到底什么是"深度学习"？为什么它会具有如此强大的能力？

用专业的语言来解释："深度学习"是指多层的人工神经网络和

训练它的方法。一层神经网络会把大量矩阵数字作为输入，通过非线性激活方法取权重，再产生另一个数据集合作为输出。就像生物神经大脑的工作机理，通过合适的矩阵数量，多层组织链接一起，形成神经网络"大脑"进行精准复杂的处理。

简而言之，人工智能在模拟人类思考的方法，通过生物神经系统进行学习。但是，它的效率更高，高到人类无法想象——Alpha Go可以一天之内完成自我对战3万局！这样的数字，是职业棋手也许一辈子也无法达到的，但是人工智能却可以！

这就是为什么，如李开复等人会自信满满地表示："未来十年，人工智能将取代世界上一半的工作！"

也许在当下看来，人工智能仍然处于初级阶段，它并不能对原本属于人类的工作产生直接威胁；但是，正因为"深度学习"的出现，人工智能会在很短时间内掌握过半工作的技巧，并轻松应对。论效率、论质量，人类完全无法匹敌。

所以，尽管很多人对于人工智能依然有误解，认为它不过只是一个噱头，但如李开复等知名科学家、企业家，却坚定地看好人工智能的未来。看似简单的"自我学习"，给人工智能施予"魔法"，它不仅坐上了战斗机，更拥有"光速推动器"，在很多领域能够通过几年时间的自我学习，即超越人类数千年积累下的经验！

相比较互联网这种"单纯"的新科技，人工智能所涉及的学科，包含了数学、神经生理学、心理学、计算机科学、信息论等多学科的综合技术。可以看到，"人性化"的植入已经越来越明显，人工智能正在通过神经生理学，越来越"拟人"。

人的最大特质，就在于不断学习——从遥远的石器时代到工业革命，人类不断学习、不断思考、不断发明，从而创造出与其他动物截然不同的"社会"；当人工智能具有这样的能力，即便它只是一个婴儿，但强大的学习能力保证了它很快会快速成长，变得越来越真实，变得真正成为一个"人"，甚至超越人的能力。

"他（Alpha Go）这个棋跟去年相比，好像完全是两个人，第一次还是很接近人，他实在太厉害了。他已经不是人，是上帝了。"

这是柯洁 2017 年再次败于 Alpha Go 后，面对记者时做出的无奈表态。仅仅一年时间，柯洁感受到了 Alpha Go 的巨大进步，感受到了"深度学习"的恐怖之处。

人工智能的"深度学习"，涉及到神经网络、卷积神经网络、循环神经网络等一系列生物神经系统、情绪感知系统，对于这些专业深奥的知识我们无需深入学习，但需要明白这一点：通过神经网络的训练，它们能够得到海量的数据，会在某一个领域不断进步，不断地与自己进行交流，永不停歇，不需要睡觉、不需要情感、不需要每日三餐。

未来的人工智能，必然会在"深度学习"这个概念上大下文章，否则它只是传统机器的变形，只是"伪人工智能"。当人工智能通过深度学习在诸多领域超越人类，那个时候，世界又会是怎样一种面貌？

2.4　人类道德规则面临巨大挑战

科技，是一把双刃剑。

互联网即是典型：一方面，它改变了人类数千年的生活与消费习惯——人与人之间的交流不再需要面对面，即便购物，拿出手机皆可快速完成支付。我们不再需要现实空间与朋友、与商家进行交流，看不见摸不到的互联网，将整个社会连接起来。

但另一方面，正是因为互联网的这种"隐蔽性"，导致如诈骗、信息泄露的问题日益严重，并且很难快速进行破获。互联网在给普通民众带来便利的同时，却也成为部分不法分子作恶的最佳途径。

人工智能同样如此。它会更加高效地服务于人类，更加精准捕捉每一个人的身份、情绪，甚至预测行为，但它的前提是——必须获知一个人的所有信息。成长轨迹、消费习惯、收入水平、婚姻状况、配偶信息……这一切都被纳入其中。

当一个邪恶之人获得智慧，他就有摧毁世界的可能。

人工智能对于个人隐私的捕捉是"没有底线"的，它还会创造出让人无法分辨的虚拟现实，所以，人类道德规则就在这一刻遇到十字路口：

向左走，它是人类有史以来最好的"工具"，帮助我们创造人类自身力量无法实现的奇迹；

向右走，人工智能会被无底线的滥用，导致每个人的隐私不再是"隐私"，被邪恶之人利用，给社会带来巨大的不稳定性。

2018年3月，中央电视台《中国经济生活大调查》栏目就曾联合腾讯社会研究中心举办"AI让你更幸福"论坛，论坛上发布的人工智能认知度调查报告显示：8成受访者担心人工智能会威胁自己的隐私，3成受访者已经感受到了人工智能给自己工作带来的威胁。

更可怕的事情还在后面：

2018年8月的"滴滴顺风车"事件，就从某一个侧面暴露出如

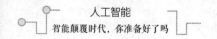

果人工智能使用不当，会造成的威胁：顺风车会自动显示客户相关信息，并筛选客户相关评价，让不法司机有机可乘，最终酿出惨案。

当然，我们不能因为此而因噎废食，放弃 AI 这一对未来有着巨大变革能力的科技；但是，我们也应当看到 AI 的"B 面"，只有敢于正视它存在的"威胁"，才能进行针对性的措施，保证它不会成为"邪恶之剑"。

一、个人隐私面临的挑战

"病人到医院就诊，相关的数据到底是属于谁的？是属于自己、医院、还是所有人？这个问题如果不解决，一旦医院把病人数据当作私有财产进行商业化交易，就会带来麻烦。"

这段提问，是由著名神经科学家、清华大学教授鲁白提出的。作为人工智能重要的应用领域，医疗行业的个人隐私引起了很多人的注意，它不仅牵涉着患者的个人信息，更直接关联未来的治疗方案、医疗费用支出等等。

试想，当 AI 积累了一名患者的大量数据，这份数据被其他不法医疗机构获得，会产生怎样的后果？轻则，患者轻信不法医疗机构的建议，花费巨额金钱却毫无用处；重则，耽误最佳治疗机遇，身心受到更加伤害。

AI 通过个人大数据分析用户，这个过程本身没有问题；但是，这些隐私数据是否开放、开放给谁、用来做什么、用完后如何处理，这都是需要解决的问题。不仅医疗，学历、金融、婚姻、家庭等各种隐私问题，都必须做好这些方面的限制。

未来的人工智能，会在数据领域在更高、更广的维度进行信息收集。大量人工智能设备会收集手机用户的姓名、性别、电话号码、电子邮箱、地理位置、家庭住址等，从而挖掘出一个人的购物习惯、行踪轨迹等，加大了隐私暴露的风险。

与此同时，部分人工智能厂商系统安全漏洞较为严重，很容易被黑客发起攻击，这都很容易导致个人隐私被泄漏。

解决 AI 有可能导致的个人隐私泄露，保证人类道德规则不受挑战，这是 AI 行业发展的"安全门"。2017 年 7 月，国务发印发的《新一代人工智能发展规划》中就曾明确提出：人工智能可能冲击法律与社会伦理、侵犯个人隐私、挑战国际关系准则等问题，必须确保人工智能安全、可靠、可控发展，加强人工智能相关法律、伦理和社会问题研究。可见这一问题，不仅是公众、行业自身关注的焦点，同样是国家层面关注的重点。

■ 二、虚拟现实带来的威胁

人工智能的另一个发展，就是"虚拟现实"。

2018 年，好莱坞影片《头号玩家》席卷全球，我们在感慨光影技术不断提升的同时，也会产生这样的忧虑：如电影中那样的游戏虚拟现实一旦成为真实，究竟会给人类带来怎样的威胁？电影中的场景，是否只是艺术家们的幻想？

当然不。

《头号玩家》所创造的虚拟世界，恰恰正是科学家们在不断追求与创造的"未来科技"。这其中，人工智能起到了决定性因素：如何进入虚拟世界，如何真实感受虚拟世界，如何在虚拟世界中体验真实世界，它都需要人工智能进行场景设置、装备设置，甚至触感设置。

尽管电影中的场景如今尚无法实现，但诸如 PS4 VR 等一系列可穿戴电子产品，已经能够让我们"一只脚迈入"虚拟现实的大门。人工智能会分析我们的身体特征，通过数据构建让我们沉迷其中的场景。

未来，虚拟现实不仅会应用于游戏，还会应用于包括购物、驾驶等诸多生活化场景中，我们可以真实世界和数字世界无缝互动。

听起来很美好，但是，这种虚拟现实却会更加冲击现实社会。

最突出的问题，就是一旦虚拟现实世界出现漏洞，那么黑客就会利用此伤害他人。这是一个信息安全犯罪市场，黑客会借助 AI 让你产生错觉，例如自我感觉身处某一地，但事实上自己并不在这里。当我们沉浸于虚拟世界时，却不曾想：自己的所有信息都已暴露，黑客通过人工智能让我们"心甘情愿"地被伤害。

无需未来，当下的诸多人工智能设备，就会对人类道德产生挑战。

例如，那些非知名厂商推出的人工智能手表，它们往往具有视频拍摄、录音等功能。这些品牌的安全系数较低，一旦被黑客切入系统，就会在我们不知不觉时启动摄像头或录音，拍摄私密照片和录制私人声音。黑客以此要挟用户支付赎金，一旦用户拒绝，黑客就会很轻松地将这些内容发布至社交媒体。

正所谓成也萧何败也萧何，想要让人工智能真正成为人类的帮手，而不是悬在头顶的"达摩利斯之剑"，AI 就必须解决人类道德与科技之间的关系。人工智能的发展，不能以牺牲隐私权为代价。解决个人隐私、虚拟现实的安全性，保证道德底线不被突破，它才能真正发挥效用。

2.5　人工智能会产生审美与意识?！

人工智能写诗，这已经不是新闻。微软的人工智能产品小冰已经出版诗集，意味着 AI 已经越来越具备"人"的思维，开始对"美"这一概念出现认知。

美，是人类最独特的情感与意识。没有人能够精准形容什么是"美"，它是意识的产物，是抽象的情感。正因为这种对抽象的认知，人与其他动物、与机器产生了明显的区别。

然而，当人工智能开始具备"审美"，这就意味着：它开始逐渐拥有意识！

诗歌，这是人类对于审美的结晶。无论唐诗大家杜甫、李白，朦胧派诗歌代表人孩子、北岛，还是西方诗歌大家艾略特、拜伦，他们都被誉为"美学大师"。独特的意识，让他们创造出了千古传送的诗句。

到了今天，利用人工智能程序小冰居然能够出版诗集，这无疑给人类带来了最强烈的冲击——艺术创作领域已然被人工智能"入侵"，它们究竟还有多少潜力？

的确如此，被誉为"人类精神世界"的艺术领域，人工智能已经具备审美与意识，它对于人类世界的"改造"无法想象。未来，艺术领域还将会出现更多的人工智能，小冰只是"破冰人"，它们不仅会创作诗歌、绘画、音乐，甚至还能够反向影响人类的审美观与意识。

一、不仅诗歌，还有更多……

诗歌，仅仅只是艺术领域的一个分支。无论哪一种艺术形式，"审美"都会直接体现一名创作者的艺术造诣与水准。事实上，在小冰的背后，还有更多人工智能产品，已经在艺术领域创造出让人类咋舌的审美体系。

2018 年，英国知名人工智能公司 DeepMind 推出了绘画类 AI 产品。这款绘画产品最初只能画出数字，但随后可以自动画出符号和人物肖像，并且能够完全做到以假乱真。在这个过程中，AI 不需要使用人为标记的数据样本，完全通过"深度学习"进行自我进化。

目前，这款产品的主要特点为"临摹"，DeepMind 也表示：绘画 AI 应用到人脸照片数据集上，绘画 AI 能够捕捉出脸部的主要特征，例如形状、色调与发型等。但是随着产品的不断升级，未来突破单纯的"高精度素描"，进行更加自由的创作已经不再是奢望。

也许某一天，当我们看到一副惊艳世界的画作时，却不曾想到：它正出自人工智能的手笔！

电影领域是科技应用最频繁的领域，所以自然少不了 AI 的身影。早在 2016 年上映的科幻电影《摩根》（Morgan）中，就已经出现了人工智能的参与。

《摩根》这部电影，在上映前发行了一步特殊的宣传片——剪辑全部由 IBM 的人工智能系统 Waston 完成，没有任何人工的参与。在正式剪辑之前，Watson 已经"观赏"过 100 部世界经典电影，每个镜头逐个分析，将其中的视觉、音频和场景进行总结。经过这样的训练，Watson 顺利完成了 1 分 15 秒的宣传片，它毫无"机器剪辑"带来的生硬和粗糙，几乎所有观众都表示："这部预告片与人工剪辑的预告片毫无差别！"

Waston 的艺术创作，不仅限于电影领域，在音乐领域同样有着出色的发挥。2017 年，Waston 进军音乐界，深入"聆听"学习了 26000 余首歌曲，对音乐理论、结构和情绪意图进行了深入学习，并在此基础上进行扩展，并与格莱美获奖制作人 Alex Da Kid 联手，创作出完整的音乐 *Not Easy*。这首单曲一经发布，就迅速冲上了 Spotify 全球榜 Top 2 的位置。

当然，就目前来说，AI 的艺术创作尚在初级阶段，它依然需要人类进行前期准备，依照训练素材的行为模式，对素材进行整理、排序、分类和加工，还没有达到真正的自由创作。

二、审美之后，是意识的诞生吗？

具备审美，进行艺术创作，具备抽象思维，这已经颠覆了人类对于 AI 的认知。

而在这背后，则是更深层次的思考：AI 已经拥有人类才具备的抽象思维能力，是否意味着，它已经开始出现真正的"自我意识"？

首先，我们要了解：这些能够创作艺术的人工智能，是否真的是意识？

目前的人工智能尽管具备自主学习能力，但底层依然是人类的设计，例如图像或语音识别，人工智能会通过大数据筛选，从而取得进步，这是所有人工智能的自我学习途径。学习什么、为了什么学习、学习有什么用，这三个最基础的"哲学问题"，恰恰是人类给予的。最底层的技术，由人类来决定。

这样的人工智能，也被称为"应用人工智能"或"狭义人工智能"，

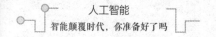

以强调它们相当有限的智能，它与科幻电影中的"自主意识"有着本质差别。

正如 Facebook 人工智能研究主管、纽约大学计算机科学教授扬·勒邱恩所说："要想创造能够以人类和动物的方式学习有关世界最基本的东西的机器，我们还有很远的路。的确，在某些领域，机器拥有超人般的表现，但就一般智力而言，我们制造的机器的智力甚至都不如老鼠。"

"人工智能可以写出合格的小说，但远远不能创造出专业级的恐怖小说。"

这是人工智能领域的一句经典论断，它已经揭示了这样一个真相：尽管 AI 可以创造音乐，但由于并不具备真正的意识，所以难以创造出伟大的作品。

那么未来的人工智能，是否会爆发出意识，在更多的领域替代人类？

想要实现这一点，就必须颠覆当前的"深度学习"模式，从人类设计学习体系发展成为"无监督学习算法"，这样人工智能才有可能真正诞生意识。

但是，想要走到这一步，并不是一件容易的事：首先，神经科学要出现大突破；其次，硬件方面也要能够承载神经系统。以当前的科技来看，晶体管的体积达到了极限，无法再进一步缩小。基于这两点，人工智能诞生真正的"自由意识"还非常遥远。

当然，随着科技和神经科学的不断进步，也许三十年或五十年后，真正的"自由意识人工智能"就会诞生于我们的眼前。这一数字，是多数科学家的保守估计，也许受限于科技的发展，这一时间线还将会进一步拉长。所以，真正具备意识的 AI，我们依然只能通过影视作品感受。

没有人能够完全预知，人工智能发展的重点在哪里，它是否能够真正可以具备人类的意识与思维。但不可否认，AI 已经爆发出了十足的潜力，它会在原本属于人类的领域、行业中游刃有余。所以，迎接 AI 对人类发起的"挑战"，这不仅是科学家，更是每个人都应当思考的。

2.6　创造力与想象力的胜利与挑战

某一天，服务于人类的人工智能机器人忽然因为某个意外，出现个人意志，开始大举向人类进攻。面对机器人，人类毫无招架之力，到处躲藏。不少人发出这样的怒吼："杀死人工智能！"

这样的场景，在无数科幻电影中反复出现。时至今日，依然有一部分人带着这样的思维：人工智能是可怕的，我们不能与它们融洽相处，有一天它们会超出人类的束缚，变成人类的敌人。

不可否认，人工智能的发展非常迅速，当独属于人类的艺术创作已经有了人工智能的介入，意味着无论从智力、创造力、想象力乃至抽象思维，人类都在不断被超越。所以，人工智能给人类带来便利的同时，却也带来了挑战——

AI 是否会超过人类？甚至统治人类？

一、AI 对于人类的挑战

为什么，部分群体认为 AI 会对人类发起挑战，甚至对 AI 带有一定的敌意？

这与 AI 的胜利有关：无论对数据的筛选到初级人力的替代，AI 都有着人类无法企及的能力；随着 AI 的进一步发展，艺术创作领域开始被 AI 渗透，人类赖以自豪的创造力与想象力正在被打破，所以人类的忧心忡忡不无道理。

正因为如此，"人工智能出现超级智能"观点络绎不绝，认为有一天 AI 会诞生出自由意志，此时人类毫无还击之力。无数科幻电影，正基于此进行大胆创造与演绎。

这样的"挑战"，某种程度上正在进行中：百度公司推出的"百度大脑"，已经拥有 200 亿个参数，已经具备了 2~3 岁孩子的智商。它是世界上最大的深度神经网络。理想状态下，根据摩尔定律，再经过三十年的发展，百度大脑很有可能比人类的大脑神经元更加丰富，从智力上超越人类，甚至具备人类的逻辑能力。

那么，AI 到底会给人来带来哪些挑战？

1. 被取代的工作

李开复曾做出过预测：5 年内，50% 的工作任务将被人工智能取代，4 亿~8 亿人需要重新训练。尤其对于机械加工等初级工作，如富士康等已经开始人工智能的转变。甚至，包括汽车驾驶、新闻写作、会计、医疗、律师等，这些行业已经开始逐渐渗透，它们原本都属于中产阶级的工作。那么在这个阶段，人类改如何度过挑战？

2. 大公司的垄断

人工智能并非简单的科学技术，它需要互联网、物联网、工业物联网、大数据、云计算等一系列作支撑，这就意味着：未来巨头公司必然会进一步取得领先地位，中小企业会被不断吞并与淘汰。巨头公司凭借着大资金、大技术，不断抢占市场占有率，甚至呈现垄断，反而造成威胁。这种问题，该如何解决？

3. "AI忧虑"的蔓延

人类独有的特点被AI共有，这是"AI忧虑"的核心问题，甚至不少知名人士也表现出担心。尽管这样的忧虑太过"科幻"，但随着科技的发展，它同样有出现的可能性。那么，该如何解决人工智能忽然诞生"自由意志"的问题？

不断提升人工智能的能力，让其服务于全人类；但同时保证AI一直处于人类的束缚之中，这是人工智能未来发展的重点方向。

二、人机共生：未来最有可能的人类与AI融洽相处方式

对人工智能的担忧，最著名的人当属特斯拉创始人马斯克。他曾与116名全球人工智能和机器人领域的专家联合发表公开信，表明："一旦（AI）的魔盒被打开，就会像潘多拉盒子一样，难以再次关上"。有这样的知名人士背书，"AI威胁论"自然有了大量的簇拥。

但是，尽管马斯克忧虑人工智能，但他却提出了解决方案：人机共生——将人工智能芯片植入到人体之中。人工智能成为人体的一部分，那么相关问题就会迎刃而解。

这个想法，立刻成为关注的焦点。

2017 年 9 月的世界机器人大会上，"脑控机器人"的出现，就是这一想法的具体实践。现场，电脑测试员头戴与屏幕相连的"黑头罩"，只运用脑电波，就凭"意念"在屏幕上打出了"CHINA"的单词；同时，电动轮椅测试员，也通过"意念"完成了轮椅的行进、转弯等操控。

这一产品，立刻引起了世界的轰动。人工智能不再是外部设备，而是通过头部感应器识别大脑皮层的变化，再通过计算机进行分析读取，并向机器人发出指令。这种科幻电影里的场景，已经逐渐落地。

所以，尽管马斯克身为"AI 头号黑粉"，但事实上，他却不遗余力地进行"人机一体"的研发。"神经织网"是马斯克投资的重点前沿科技，它在人脑中植入能够上传和下载信息的微型芯片，旨在增强人脑功能。

从这一点上来说，马斯克意识到了 AI 对于人类的挑战；但是，他并非单纯杞人忧天，而是对 AI 进行更长远的挑战，让其更加服务于人类。

不仅马斯克，越来越多的科学家、科研机构都加入到人机共生的研发之中。例如，斯坦福大学教授 Michael Levitt 就与复旦大学类脑研究团队在多尺度脑模型构建及数据分析方面开展了进一步研究，加紧构建人类的大脑模型。

伴随着虚拟现实设备的不断完善，脑机接口的应用可能性也越来越高。当下，诸如小米手环、华为手环等可穿戴设备，都是人机共生设备的雏形，它能够直观地反应人体的健康状况。未来，芯片植入大脑、皮肤等，会对医疗行业的发展大有裨益，直接反应一个人的健康状态。

人机共生的应用，还有着无穷无尽的想象空间，也许会彻底颠覆我们的认知。而这一切，都围绕着这一理论："AI 的根基是以人为本，对人类个性的尊重和满足，帮助人类更好地发挥个性。"

也许，在不远的将来，人类与机器之间的界限将会越来越模糊，人类与 AI 相互依赖，而非敌人。这一天，还会远吗？

第三章

掘金蓝海：人工智能重塑的 *8* 大领域

　　人工智能对于人类社会的颠覆是全方位的，诸如医疗、驾驶、金融、制造、安防、教育、家居、农业领域，它都在进行着颠覆性的改革。这些改革，有些已经对原本的行业生态产生了巨变，有些尽管尚在测试阶段，但大门一旦开启，浪潮就无法阻拦……

3.1　人工智能产业发展现状

人工智能的应用已经越来越广泛，未来发展的趋势也愈发明显。那么在当下，人工智能的产业发展如何？这一产业是否形成完整的体系，支撑整个行业不断前进？

一、人工智能产业的世界版图

人工智能产业的发展，在全球范围内，美国居于领先地位。众多技术研发机构与实验室，为人工智能的发展奠定了技术基础；谷歌、苹果、亚马逊、甲骨文等一系列商业公司的积极运作，更让人工智能产业从科研走进大众领域。

SIRI、谷歌无人驾驶汽车……这些人工智能领域颠覆性的产品，无一例外都诞生于美国。所以，谷歌与苹果，无一例外都喊出了这样的口号："我们不是传统制造公司，而是科技公司！"

早在 2016 年，美国就已经意识到了人工智能产业的意义，制定出了一系列关于人工智能的相关政策，接连发布如《为人工智能的未来做准备》《国家人工智能研究与开发战略规划》《人工智能自动化和经济》等在内的重量级报告，直接从政策层面，为人工智能产业发展保驾护航。

2016 年 12 月，白宫发布了重磅报告《人工智能、自动化和经济》，这其中明确说明：应对人工智能驱动的自动化经济将是后续政府要面临的重大政策挑战，应该通过政策激励释放企业和工人的创造潜力，确保美国在人工智能的研发和应用中保持领先。

正因为此，苹果、谷歌、亚马逊等在人工智能领域大展拳脚，它们是世界上估值最高的企业，几乎所有 AI 领域都有它们的身影。

工业底蕴深厚的欧洲，人工智能产业同样丰富，如 Alpha Go，正是由谷歌旗下的英国公司 DeepMind 创造。英国领导着欧洲人工智能的发展，2017 年 1 月，英国政府发布了"现代工业战略"，增加 47 亿英镑研发资金用于人工智能、"智能"能源技术、机器人技术和 5G 无线等领域，将触角深入到 AI 发展的所有领域。

2017 年 3 月，英国对于人工智能的产业发展进一步增强，财政预算案确定政府将拨出 2.7 亿英镑用于支持本国大学和商业机构开展研究和创新，其中包括人工智能。由政府领导人工智能的发展，这是英国乃至欧洲对于 AI 产业模式的探索。

而与中国同为东亚国家的韩国与日本，同样也是人工智能领域的"主力军"。

提到韩国，必然无法绕开"三星"，它们正是韩国人工智能，乃至世界人工智能发展的"大佬级企业"。

2018 年，三星集团宣布：未来三年投入 220 亿美元，重点发展人工智能、5G、汽车电子和生物医药等四大技术，特别是人工智能与 5G。三星的产业，涉及通信、汽车、家电科技等众多领域，对于人工智能芯片的需求极高，不仅将应用于手机之上，还会植入汽车、家电等诸多产品之中。三星掀起的韩国 AI 风暴，会直接促进韩国人工智能产业的升级，众多合作厂商都将加入这一浪潮之中。

作为老牌科技大国，日本自然不会落于人后。日本政府将 2017

确定为"人工智能元年"，希望通过大力发展人工智能，保持并扩大其在汽车、机器人等领域的技术优势，并确立了长远的发展规划：

第一阶段（目前~2020年），确立无人工厂和无人农场技术，普及新药研制的人工智能支持。

第二阶段（2020~2030年），实现人与物输送及配送的完全自动化，人工智能医疗完善，家庭人工智能设备得到普及。

第三阶段（2030年以后），护理机器人成为家族的一员，完全实现无人驾驶，并逐渐让人工智能向超级人工智能发展。

尽管近年来，日本经济不断下滑，但由于科技基础雄厚，所以日本的人工智能产业发展同样完善。早在20世纪90年代，早稻田大学、东京大学等就已经开设了人工智能专业，这为日本的人工智能发展带来了大量的人才；同时，索尼、松下、三菱等企业也开始积极转型，进行产业调整，人工智能发展迅速；日本政府还专门设立人工智能战略委员会，为企业推进人工智能产业的发展制定各项政策。

由此可见，人工智能产业的板块，几乎在全球所有角落同步爆发。发展人工智能，已经成为全球各国的共识。

二、中国：人工智能产业蓬勃发展中

相比较美国、欧洲、日韩等，中国的人工智能产业起步相对较晚，但发展迅速，尤其以科技、制造业等巨头公司为领导者，快速进行产业布局，产业及和消费级应用产品层出不穷，如百度、阿里巴巴、小米等，都已推出人工智能产品，或是应用于企业管理领域，或是应用于消费市场领域。

移动互联网第三方数据挖掘和分析机构权威机构 iiMedia

Research(艾媒咨询) 曾发布数据显示：中国人工智能产业规模 2016年已突破 100 亿元，以 43.3% 的增长率达到了 100.60 亿元，预计2019 年产业规模增长至 344.30 亿元。①

数字显示，中国已经成为人工智能产业发展的新增力点。

另外一个数据则表明，中国人工智能产业发展，将会围绕北京为核心展开。艾媒咨询通过调查发现：42.9% 的人工智能创业公司位于北京，而上海则拥有 16.7% 的人工智能创业公司，深圳的数字为15.5%，广州则为 7.7%。

为什么，北京会出现"强聚焦"效应？

这是因为：AI 是高度知识密集型产业，北京的人才储备、技术储备、产业体系、政策优势、资本优势等要明显高于其他地区，百度、小米等科技公司林立，加之大学数量庞大，自然吸引了大量人才的到来。所以，中国的人工智能产业发展，将会形成"北京为核心，上海、广州、深圳为重点城市"的地理布局模式。

从应用领域的角度来看，目前中国的人工智能产业布局，主要应

---

① 内容及图片引自 iimedia Research(艾媒咨询)，有删改。

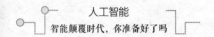

用于汽车领域、虚拟现实、医疗和服务机器人等。相比较国外，中国的人工智能发展更加"现实"——精准对接市场，创造真正具有市场价值的人工智能产品与服务。这也是中国 AI 产业实现超越其他国家的最佳途径。

2018 年是中国人工智能产业爆发的一年，各行各业正在加速落地，尤其金融、安防领域，也在不断出现以人工智能为基础的各类视觉识别安全产品，同时向教育、客服领域渗透，商用服务机器人已经进入商场、酒店、机场等，拿出了一份让世界惊艳的成绩单。

根据艾瑞的测算：2020 年全球人工智能市场规模将达到 1190 亿元，年复合增速约 19.7%。而 2020 年中国人工智能市场规模将会包揽 91 亿元，年复合增速更是超过 50%。可以预见，未来在中国，人工智能产业必然会进入井喷状态，新的产业格局，将会给中国商业市场带来全新冲击，尤其在智能医疗、驾驶、金融、家具等领域，创造全新的行业与商业新模式！

3.2 智能医疗：如何提升人类的健康水平

科技与医疗，这是两个关联最为紧密的行业。

现代医疗的诞生，离不开科技的功劳。显微镜、生物化学技术……每一步的医疗进步，背后都是科技的进步。医疗关系着人类的健康，所以科技总是不遗余力地为医疗服务，为人类服务。

人工智能的诞生，同样给医疗产业带来了巨大的影响。当人工智能带上"医生帽"之时，它不再只是医生的助手，而是比医生还要专业的"科技医生"。尤其在诊疗、疾病预测、医疗影像辅助诊断、药物开发等方面，AI 已经展现出了超过人类的医疗水准。

一、人工智能对于诊疗的颠覆

计算机的出现，让原始医疗数据的收集变得更加快捷；互联网的诞生，让数据共享更加成为现实。所以，越来越多的医生，会通过计算机与互联网进行全球交流，数据改变了医生疾病诊断的方式。

但是，当医疗数据积累到一定程度，呈现出"过于庞大"的特点之时，单凭医生自己对数据进行快速处理，已经不可能实现实时诊断。庞大的数据库，既给医生带来了便利，但另一方面却也同样给医生带来了巨大的"数据压力"。

就像在城市里，想要寻找一条尾巴上有一个小黑点的宠物犬一样，这项工作无疑大海捞针。

而当人工智能出现，这一切变得迎刃而解。

例如，IBM 推出的"沃森"医疗助手，它通过大数据进行比较，容纳了历史上所有的医学期刊，能够快速根据患者的特点进行深度比对，医生需要上千小时完成的工作，在沃森的"大脑"里，不过只是几分钟的时间。

除了快速筛选数据，沃森还与数十家癌症研究机构展开了合作，对认知系统进行训练。通过训练，"沃森"能够找到个性化疗法，这些方法在结合大数据的同时，会主动进行模型建立，根据患者的特点进行模拟，判断疗法是否适合患者。

也许在未来，医院中我们会越来越少见到真实医生的模样。来到

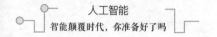

人工智能设备前进行系统检查，几分钟之后，一个完整的治疗方案报告，就已经摆在眼前。

二、对于疾病预测的颠覆

人工智能对于疾病的直接诊断尚需时日，但是，疾病预测已经成为现实。

在过去，疾病预测，尤其是大规模传染病预测的方式往往是滞后性的：医院短期内接收大量病人，以此判断该区域存在传染病爆发的疫情。先发现问题再解决问题，造成贻失最佳预防时机。

而人工智能的出现，则会主动进行疫情监控，当某一类疾病就诊人数一旦触发预警机制，相关信息会第一时间立刻上传到疾病控制与预防中心，并根据患者的信息直接进行趋势预判，预测响应时间大大缩短，不必再依赖人工进行，传统疾病预测的延迟得到有效修复。

三、医疗影像辅助诊断的颠覆

影像是协助医生对于患者进行深度诊断的有效方式，传统影响判断需要人工编写规则，存在耗时较长、临床应用难度大的问题。尤其医生自身的业务能力和经验，直接决定了影像是否能够取得帮助。

正因为此，很多人都曾有过这样的经历：每到一家医院，都需要进行长时间影像拍摄。然而，不同医生看到影像，得出的结论却截然不同：A医生认为不必惊慌，只需简单几副药即可；B医生却认为刻不容缓，需要立刻住院准备手术。

医疗影像的目的，是帮助医生进行提取和分析，为诊断和治疗提供评估方法与精准诊疗方案。但是，传统影像模式不仅没有取得这样的效果，反而让患者更加迷茫——到底哪一位医生说的才是对的？

人工智能的出现，将会颠覆这一弊端。首先，大数据决定了人工智能可以通过各种对比，将诊断统一，人类自身的经验与人工智能的经验相比，只是冰山一角；其次，人工智能的深度学习，会根据患者自身的特点，进行精准的治疗方案设定，保证每一位患者的治疗计划都是"个人定制"的。

这种模式，已经开始应用。例如眼科，谷歌的人工医疗智能系统已经可以通过深度学习的方法，诊断糖尿病视网膜病变，它的准确率已经与医生不相上下，但效率却更高。随着深度学习的不断加深，无论准确率和效率，人工智能都将得到明显提升。

四、智能医疗的落地趋势

可以看到，人工智能对于医疗的改革是深层次的，它不仅包括前期诊断、中期治疗、后期理疗，还会将挂号、取药等其他工作一一囊括。未来，当患者走进医院，在专属智能机器人的服务下，"一站式治疗"不再是奢望。

所以，人工智能的落地已经开始加快。

作为世界医疗水平最高的国家，日本在智能医疗领域的落地最为成熟。日本拥有完善的分级诊疗体系，已经在各个医疗机构开始推行人工智能医疗服务。

例如，日本医疗机构 CVIS 旗下的心血管专业影像中心 CVIC. CVIS 已经将人工智能影像产品推广与市场。有了 AI 的帮助，患者的各类影响资料会先发送给 AI 助手进行整理、筛选与前期诊断，随后转交给放射科医生，进行更完善的检查和诊断。原本需要一星期左右

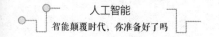

的工作，现在只需 2~3 天即可完成。AI 不仅帮助医生节省了时间，同时报告内容更加详尽，涉及患者的各个方面，所以做出的数据统计与前期判断更为精准，为医生的临床治疗提供了强大的支持。

中国同样如此，尤其从政策层面，开始提升 AI 医疗的地位。2016 年，中国正式提出对 AI 医疗的发展要求，并且对行业的发展创造良好的行业环境，如清华大学、北京大学、复旦大学等，都成立了相关专业和研究所，不仅针对医疗智能产品进行自主研发，更为整个行业输送专项人才。

商业机构同样不甘落后。中国 AI 的领军者——腾讯，目前已经完成了医院、医生、患者的闭环布局，腾讯觅影布局在食道癌、肺癌、乳腺癌等方向，还和多个地方政府谈定合作意向。速途研究院发布《2018 年上半年 AI 医疗行业研究报告》显示：2018 年上半年 AI 医疗行业实现多起融资，云知声先后完成 C 轮和 C+ 轮融资，而深睿科技一年内获得三次融资，还有多家 AI 医疗机构完成 C 轮融资。

还有更多的科技巨头，无一例外都在加速智能医疗的布局：

谷歌在糖尿病、神经性疾病诊疗和医疗器械的研究方面发力，DeepMind 已经与英国国家健康体系（NHS）合作共同开发新技术；

微软发布了面向个人的健康管理平台，整合不同的健康及健身设备搜集的数据；

苹果、Facebook 通过设立医疗健康部门、开发医疗健康类应用、收购医疗健康类初创企业等方式，逐步踏入医疗健康行业……

尽管当下，AI 对于医疗的应用尚处于试用阶段，并没有大规模得到推广，但 AI 的想象空间、实际应用空间决定了它的未来，必然是"遍地开花"。也许在未来，人工智能会为我们带来现实中真实存在的华佗、扁鹊等神医！

3.3 智能驾驶：深刻改变人类出行方式

人工智能驾驶，这已经是近年来汽车领域，乃至整个社会关注的焦点。

早在 2010 年，在人工智能的概念尚未如今天这样火热之时，谷歌公司便高调宣布：正在开发自动驾驶汽车，目标是通过改变汽车的基本使用方式，协助预防交通事故，将人们从大量的驾车时间中解放出来。

彼时，人们的想法多数都是：

无人驾驶到底是科幻还是现实？它真的能实现吗？

为什么要把安全交给电脑？人工智能真的可以胜任司机这一工作吗？

人类尚且无法应对复杂的路况，人工智能行吗？我怀疑！

……

然而，不过几年的时间，智能驾驶便真的成为了现实。

2012 年 5 月，谷歌自动驾驶汽车获得了美国首个自动驾驶车辆许可证。

2015 年 6 月 11 日，百度公司宣布：百度与德国宝马汽车公司合作开发自动驾驶汽车计划于 2015 年晚些时候在中国推出原型车进行路试。

2015 年 5 月，谷歌宣布在加利福尼亚州山景城的公路上测试其自动驾驶汽车。

2018 年 5 月 14 日，深圳市向腾讯公司核发了智能网联汽车道路测试通知书和临时行驶车号牌。

……

越来越多的事实说明：智能驾驶正在实现，它将我们早已习惯的驾驶出行方式，彻底颠覆。

一、无人驾驶、驾驶助理、共享服务对于出行的改变

智能驾驶，是如何改变了人类的出行方式？首先，我们要了解它的核心——智能驾驶并非只是简单的电脑操作，它是一套完整的智能系统：AI 芯片为核心，视觉计算、雷达、监控装置和全球定位系统协同合作，保证在没有任何人类主动的操作下，自动安全地进行车辆行驶。无人驾驶、驾驶助理、共享服务，这都是智能驾驶的特点。

谷歌的智能无人驾驶，让汽车这个诞生了数百年的产业，出现了天翻地覆的变化。随后，各家汽车公司无一例外加速智能驾驶的脚步。特斯拉、通用、宝马、克莱斯勒等汽车制造商，无一例外都将智能驾驶作为未来的发展方向。尽管这其中充满波折，例如 2016 年夏季特斯拉自动驾驶汽车发生一场致命事故，但它的大趋势没有改变。甚至，智能驾驶的助理系统，还曾挽救过乘客的性命。

2016 年，美国密苏里州的一名律师在高速路上驾驶特斯拉 Model X 途中突发肺栓塞。车内的驾驶助理第一时间发现问题，自动调整路线，将乘客送至医院，并拨通医院电话，最终成功挽救回这名律师的生命。

由此可见，智能驾驶改变的，不仅只是传统人工驾驶的模式。AI 系统的应用愈发广泛，汽车的用途就会不断增加，驾驶助理可以成为路途中的朋友、医生、律师，共享服务则会连接汽车与其他人工智能，在汽车这一封闭的空间中，帮助人类解决一系列问题。

无人驾驶系统的接入，驾驶助理的不断升级，可以预见，未来汽车将会不再受到各类限制，老年人、残疾人同样能够享受汽车带来的便利。在快速提升移动能力的同时，植入智能医疗的驾驶助理系统，会监测乘客的各类特征；一旦发现问题及时启动应急系统，共享服务会与医疗机构取得联系，并第一时间将乘客送往医院。

二、解放人类双手，提升安全系数，娱乐出行灵魂

对于普通消费者而言，我们不会关注智能驾驶的底层技术是什么，但会关心最实际的问题：智能驾驶到底会让我们感受到哪些新的变化？智能驾驶如何保证我们的安全性？

智能驾驶，主要是从这几个方面解放人类双手，同时还能提升安全系数、娱乐出行：

1. 驾驶辅助系统

驾驶辅助系统会为驾驶者提供协助，通过实景摄像头等提示重要

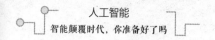

信息，在危急时刻发出简洁的警告。如"车道偏离警告"（LDW）系统等，会在车内显示屏上做出重要信息说明。

2. 自动化系统

驾驶辅助系统为驾驶者带来信息提示，而自动化系统则会进行主动干预，进行相应的调整。如"自动紧急制动"（AEB）系统和"应急车道辅助"（ELA）系统等，会主动进行刹车、变道，进行应急处理。

3. 完全自动化系统

可无人驾驶车辆、允许车内所有乘员从事其他活动且无需进行监控的系统。这能够帮助乘客进行其他工作。

4. 驾驶助理共享系统

驾驶助理系统通过云计算的方式，主动连接其他各类智能产品，如智能手机、智能手环等，通过信息推送的方式，提示乘客关注重点信息。同时，它还会接入医院、交警等一系列智能系统，发现问题快速进行信息反馈，进一步提升安全性能。

5. 其他娱乐系统

新型的智能汽车，将会配备完善的娱乐系统，如云电影、云音乐、云游戏，甚至云办公系统，让乘客在车内可以更加自由地享受时间。

人工智能驾驶的安全体系，是目前汽车品牌最关注的领域，并且已经得到应用。如丰田RAV4，就已经推出预碰撞安全系统(PCS)，车道偏离警示系统(LDA)，自动调节远光灯系统(AHB)和动态雷达巡航控制系统(DRCC)的组合。借助毫米波雷达、车载摄像头、方向传感器、偏航传感器等诸多车载设备，RAV4会在车道偏离等情况出现时，主动进行减速、转向等主动控制；夜晚还会自动进行车灯开启等，答复减小事故发生概率。

一方面，是各家车企对于人工智能驾驶方案的不断优化；另一方面，则是智能驾驶系统成本的不断降低。特斯拉的自动驾驶系统硬件是行业内的标杆，但是它的售价达到了 8000 美元，这制约了中低端车型的普及，意味着智能驾驶系统很难真正大规模的推广。但随着越来越多智能驾驶公司进入科技研发体系，这一价格系统也被彻底颠覆。

例如，在 2016 年，位于匈牙利布达佩斯的人工智能自动驾驶系统创业公司 AImotive 公开演示了一套自动驾驶系统，能够准确识别道路上的行人、汽车等各种移动物体，而它的测试系统成本仅为 2000 美元，包含所有硬件。随着技术的进一步提升，相关产品的价格将会进一步降低，有可能达到 500 美元。

500 美元意味着什么？它还不到一部 Iphone 的成本，却能够实现汽车的智能化升级。所以，智能驾驶时代的到来指日可待。

当然，完全无人化的智能驾驶距离真正市场大规模应用依然需要一段时间，但它的趋势已经不可逆转。未来，"坐着汽车吃着火锅唱着歌"的场景，必然会在现实中诞生！

3.4 智能金融：提供个性化、安全化、智能化金融服务

人工智能的飞速发展，对金融行业同样产生了强烈的影响。相比较智能医疗、智能驾驶的实体智能设备，金融领域的人工智能，尽管

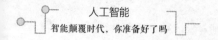
客户并不会直接感受到产品，却会直接感受到服务的提升、效率的提升。

一、人工智能在金融领域的应用

人工智能在金融领域的应用，主要是通过大数据对金融用户进行画像，从而提升获客率，精准服务客户；同时，它还可以应用于风险控制，借助区块链技术提高风险控制，并实现服务的个性化与智能化。

从安全性上来说，人工智能的应用对于商家与客户都会带来便利：人脸识别、声纹识别、指静脉识别等生物识别手段的应用，既可以保证用户的资金不会被随意窃取，同时商家也能快速识别对方信息，大幅降低核验成本，优化安全流程，提高安全性。

同时，借助人工智能的大数据与云计算能力，企业与用户都能够搭建反欺诈、信用风险等模型，多维度控制金融机构的信用风险和操作风险，避免资产损失。

由此可见，人工智能在金融领域的应用是双向的：客户借助 AI 了解企业的背景，并提升自身财产安全性；企业通过 AI 分析客户的具体需求，对用户与资产信息进行标签化，推荐精准产品，并创建完善、高效、安全的金融解决方案。

有一个现象，最能表明出人工智能正在"侵食"原本属于人工操作的金融领域：北上广深等一线城市的银行柜台人员正在逐步下降，AI 终端设备替代传统的柜台服务模式人脸识别、大数据和区块链等新技术支撑下，产品、渠道和服务场景得到了明显优化，很多时候，客户进行查询业务时，完全不必再进行漫长的等待，只需在设备前轻松输入账号、密码，即可完成复杂的操作。

支付宝旗下的蚂蚁金服，事实上就是一种智能金融服务产品。

蚂蚁金服中有一个特殊的科学家团队，他们的工作，就是提升人工智能的应用和深度学习，并直接推向市场。例如支付宝旗下的花呗、微贷业务等，就已经完全淘汰传统人工审核方式，通过人工智能分析用户的消费习惯、还款习惯、收入状况等数据，为用户提供金融服务。精准的信息捕捉，让虚假交易率降低了近十倍，并且审核时间从数天直接降低至数分钟，效率提升令人咂舌。

智能客服同样是蚂蚁金服的重要特点。2015年双十一期间，蚂蚁金服95%的远程客户服务都由人工智能完成，客户凭借大数据主动分析用户的提问，做出精准解答。目前，花呗业务上机器人的问答准确率已经超过80%，绝大多数的客户仅凭APP即可完成相关咨询，不必再进行繁琐的人工呼叫。

当然，优化传统金融活动的流程，仅仅只是智能金融的初级状态。人工智能对于金融行业的改变，还在于个性化、智能化的塑造。

二、更加个性化的金融服务

在全球范围内，人工智能与金融的结合更加紧密。来自德国知名数据公司Statista的报告显示：2017年全球智能投顾管理资产高达2264亿美元，年增长率高达70%，预计到2022年，这一规模将高达1.2万亿美元。

智能金融之所以得到快速提升，就在于人工智能能够更加精准地分析用户风险偏好、财务状况等，从而给出客户相应的投资组合。这种"相应"，会与用户的特点高度吻合，这一切都与背后的大数据和云计算有关——

大数据会主动分析客户的银行存款、公司待遇、其他投资等，快速进行精准客户画像分析；

云计算对客户的社会身份、投资需求进行分析，了解客户最需要的服务是什么；

人工智能快速为客户指定最有效的投资组合，推送给用户确认。

我们都曾经历过这样的场景：进入银行，工作人员会不断地向我们推荐各类理财产品。但是多数情况下，我们不愿意接受这样的"推荐"，因为对方的目的，仅仅是为了销售某一款金融产品，而非真的了解我们的需求，他对我们的了解知之甚少。

而 AI 算法正是通过大数据、云计算等，颠覆了传统人工理财的模式，它的推送是基于我们的精准画像展开的，所作出的推荐能够精准化、个性化。

可以预见，未来的金融产品不再会是标准化产品做主导，而是根据每一个用户的特点进行个性化创建。人工时代，市场销售人员的权限有限、精力有限，他们可以对一名客户进行精准化推荐，却做不到同时面对十名客户个性化服务；即便发现产品与客户的需求有差异，也很难做到对产品细节进行调整。但人工智能不同，它的高效与精准画像能力，保证能够给每一名用户带来截然不同的体验，更具个性化和智能化。

就像招商银行CIO陈昆所说："智能金融科技不是目的，而是手段，打造最佳客户体验银行，力争在金融服务体验上比肩互联网公司。"为客户带来前所未有的个性化、智能化金融服务，这是智能金融发展的落脚点。

三、智能金融的安全性保障

安全性能，这是金融领域发展的难题。即便技术服务再完善，如果没有安全性做保障，那么它就不可能真正在市场绽放。

那么，智能金融如何做好安全化服务？

这个时候，人工智能与区块链的结合，就会有效提升金融预测与反欺诈效果。所谓区块链，是分布式数据存储、点对点传输、共识机制、加密算法等计算机技术的新型应用模式，就是一个去中介化的数据库，每一个数据都会在数据库中完整记录，是不可篡改和不可伪造的分布式账本。

举一个简单的例子，我们就可以理解人工智能与区块链的结合：

美国 A 公司是一家金融服务公司，它会挖掘客户的隐私信息，但是保证这些数据仅仅用于金融服务。这些数据，包括用户的资金、财务信息，保存于区块链之中，一旦人工智能系统发现数据正在被提取，它会立刻启动应急机制，直接进行报警，并通过区块链反追踪直接锁定对方。

区块链具有不可改写、分布式记账、不可篡改的特点，所以，当与人工智能相结合，就会有效保证所有资金的流向都是有记录可查的，这从主观上将会直接震慑不法犯罪分子，因为一旦窃取客户资料、财务，那么自己的行踪就将直接暴露。

智能金融的出现，会让金融产业从获客到风控，再到精准服务与反欺诈，形成完整的产业链，建立完善的客户信用风险体系，无论个人还是金融机构都可以通过人工智能一次性完成所有工作，信息壁垒被打破，从而创造出全新的金融行业新规则。

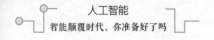

3.5 智能制造：改变人类生产方式

伴随着人工智能蓬勃发展的同时，是工业4.0时代的到来。工业4.0的诞生与发展，与智能制造密切相关：它的目的，就是建立一个高度灵活的个性化和数字化的产品与服务的生产模式。在这种模式中，传统的行业界限将消失，并会产生各种新的活动领域和合作形式。这其中，个性化与数字化紧扣人工智能。

所以，某种程度上来说，人工智能即为第四次工业革命。正是因为人工智能对制造业带来的全新变革，让人类的生产方式出现颠覆性的变化，工业4.0呈现智能制造的特点，智能工厂、智能机器人开始不断涌现。越来越多的传统企业，都已经加入到智能制造的大浪潮之中。

2016年，老板电器投资7.5亿，在电器行业率先开启智能化工厂的大幕。老板电器的智能基地，实现了智能化、自动化生产，原本需要30名员工的生产线，目前已经精简至10人。由人工智能操纵的智能工厂，实现了智能生产、智能存储、智能物流的一体链模式，

建立了行业首个数字化智能制造基地，这也是行业内数字化、程度最高的制造基地。基地打通了智能生产、智能仓储、智能物流一体链模式，实现调度指挥全同意、计划执行全精确、物流JIT全配送、制造状态全透明、质量追踪全流程的全新生产方式。

通过构建智能化生产系统布局，老板电器的成本得到有效控制，品控显著提高。所以，就在电器行业整体业绩下滑之时，老板电器却逆袭而上：奥维云网 (AVC) 数据显示，2018 年上半年中国厨电零售额为 311 亿元，同比下滑了 1.6%；而老板电器 9 月公布 2018 上半年业绩报告显示，公司实现营业收入 34.97 亿元，同比增长 9.35%；实现净利润 6.6 亿元，同比增长 10.47%。

所以，在很多人唱衰传统行业的今天，老板电器却用 AI 数据做出了反击：拥抱人工智能，改变的不仅是生产方式，更会改变整个企业的发展状态！

一、智能制造对于生产方式的改变

智能制造的核心，就在于人工智能：人工智能贯穿于产品的设计、生产、管理与服务各个环节，借助深度自我学习的能力，主动对生产进行自我决策、自我适应和自我执行。相比较传统的生产方式，人工智能一切都围绕"智能"展开，传统机器设备需要人的操作，而智能制造时代，人则必须让位于人工智能。

目前对于中国而言，人工智能技术在制造行业的应用，主要侧重于这几个方面：图像识别、语音识别、智能机器人、故障诊断与预测性维护、质量监控等。可以看到，这些领域涉及生产管理、质量控制、故障诊断等多个方面。相比较传统产业的生产、营销方式，智能制造，将会对生产方式产生如下这些改变：

1. 生产设备的改变

智能制造的出现，必然引发智能装备的升级。传统生产设备将会

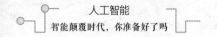

配备自动识别设备、人机交换系统等，为机器植入芯片，由芯片控制生产线，而不是传统的人工操作模式。

2. 生产方式的改变

工业机器人的出现，进一步降低对工人的需求，工业机器人成为生产线上的主力军。工业机器人中的人工智能凭借自然语言处理、虚拟现实智能建模及自主无人系统等关键技术，进行智能设计、智能生产，会自动优化流程，并进行故障诊断，参数优化。

3. 服务方式的改变

智能制造不仅关注"制造"，还会对整体服务进行优化，包括远程运维、仓库管理、订单管理等。人工智能会根据客户轻重缓急需求自动排列订单，并根据客户距离进行仓库分配、物流分配等。

以上三点，仅仅只是智能制造的生产流程环节，对于产品设计、营销模式等，人工智能都有积极的意义。例如，工业设计软件集成人工智能模块，它会与区域经济、社会舆情相对接，甚至直接介入社交媒体，如微博、微信等，用户对于产品的期望能够快速被捕捉，形成数据模型。这样一来，在产品设计之时，就会根据市场、用户的痛点进行针对性研发，彻底改变过去闭门造车式的设计方式。

由此可见，人工智能对于制造业的颠覆，不仅包括传统制造加工业，还会涉及到 3C、纺织、冶金、汽车等多个传统制造业产业，同时还涉及高端装备制造、机器人、新能源等战略新兴产业。无论富士康还是一汽集团，如今都将智能制造作为未来发展的重点进行探索。

2017 年，一汽集团与中国电子科技大学共同宣布：创建"中国汽车人工智能联合实验室"。这个实验室不仅会对一汽集团传统生产线向智能生产线升级，还会创建计算和开发平台、智能车及其示范应用等，实现一汽集团人工智能超越国际水平。

目前来说，中国的智能制造与世界发达国家相比，依然还存在一定滞后，除了如富士康这样的企业，多数还处于前期规划阶段。而世界其他国家与地区，各类智能制造都已经开始落地：

日本知名制造厂商 NEC 公司目前已经推出智能视觉检测系统。这个系统通过视觉可以判断金属、人工树脂、塑胶等多种材质产品的各类缺陷，并快速完成分拣，不需要人工协助，降低成本的同时提升产品合格率；

美国多联式运输公司 C.H. Robinson 针对卡车货运，开发出人工智能学习模型，这套模型会时时监测卡车行驶中的路况，大数据直接关联气象、交通，为每一次货运交易估算公平合理的价格。

可以看到，人工智能技术对于制造领域的改造，已经呈现出更广、更深的特点，传统企业与科技企业之间的界限正在模糊，制造企业依靠科技对产品研发、生产进行升级，科技公司则依托人工智能，更广泛地涉及生产环节。未来，也许传统企业、科技企业这样的名词会彻底消失，取而代之的，是"智能制造企业"。

作为世界规模第一的制造大国，中国拥有世界上最完整的工业体系，但不可否认存在大而不强的现象，自主创新能力较弱、低端产能过剩、智能制造普及率较低，产业整体仍处于全球制造业链条的中低端。但正因为此，中国制造业具有巨大的潜力，还有非常大的上升空间。在这个阶段，如果能够大力发展智能制造，那么中国制造业将会成为世界经济的新增长点，直接引领世界制造行业的转型与升级！

3.6　智能安防：从被动防御到主动预警

安防，同样是被人工智能重塑的一个重要领域。

传统的安防如何进行？相信我们每个人都曾见过——

已经是凌晨三点，街上空无一人。忽然，街角处一道手电光芒射出，一名身着保安服装的中年男子快步走过。对每一家店铺的门锁仔细检查后，他消失在街的尽头。整整一夜的时间，安保人员需要不断巡视，并时刻关注随身对讲机，一旦出现提示，安保人员需要立刻赶赴出现问题的现场……

我们所住的家属区，多数安防都是如此。这类传统安防，有一个明显的问题——对人的依赖性非常强，耗费人力。如果安防人员的工作态度不积极，很容易出现漏洞；即便投入于工作之中，受限于精力、观察视角、观察范围等，很多时候传统安防往往存在明显滞后性，只能出现问题后着手解决，是典型的被动防御。

智能安防的出现，则将颠覆被动防御模式，开启主动预警系统。人工智能对视频、图像进行存储和分析，从中识别安全隐患并对其进行处理，这其中"识别"起到了关键作用——它会不断挖掘漏洞并提出解决方案。

用一个形象的例子，我们就会理解这种转换：

360安全卫士与360杀毒，前者是主动预警防御软件，它会分析计算机存在哪些漏洞和安全隐患，提示用户进行补丁安装，提前关上有可能被攻入的大门；

360 杀毒则是被动防御，当电脑出现病毒感染后才会启动，进行病毒查杀。但是在此之前，病毒很有可能已经对电脑的重要内容进行了破坏。

如今，很多人的电脑中不再安装杀毒软件，但会安装如 360 这样的安全卫士软件。主动预警进行安防，这才是安防的最终目的。智能安防即是如此。

这样的智能安防，如今在民用领域已经越来越广泛。人工智能通过摄像头无死角监控整个社区环境，同时还能动态捕捉相关人员图像、车辆信息，分析社区内存在的安全隐患，并作出相应提示与升级建议。视频分析技术、云计算及云存储技术的综合应用，让安防变得更具保障性。

孔雀城大湖天悦是国内最早开始使用智能安防的社区之一。在这个社区之中，智能安防得到了广泛应用，其中安全防卫系统 14 项：智能社区一卡通、智能化社区家庭安防系统、可视对讲系统、全区 WIFI 覆盖、报警系统－入侵报警、紧急报警、可视门铃、定制钢制入户门、电子密码锁、燃气报警预留、安全插座、地脚夜灯、应急手电、一键断电。同时，园区周边配备视频监控，这些监控能够主动进行报警；还配备、定制欧标密码门锁、可视对讲智能平台，四重安全体系预防盗窃、抢劫以及火灾等意外事件的重要设施，让整个社区的安全系数得到明显提升。

当然，智能安防的应用，已经不再局限于单纯的民用安防，它正

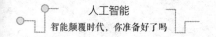

在向更多产业渗透，建立起庞大的智能安防体系。

一、智能交通：安防的又一次升级

交通领域，如今智能安防的身影出现得也越来越频繁，并诞生出一套适用于交通领域的系统：智能交通系统，简称为 ITS。ITS 系统的核心，就是通过智能安防将各种核心交通元素相结合，不仅实现交通安全，更能够实现优化配置和人车交通的高效协同。

例如，交通领域接入交通信息采集系统，就会自动分析路况信息，并通过人工智能系统对相应设备进行调整。智能红绿灯会根据行车具体情况，调整红绿灯的时长；其他信号指示，还可以根据早晚高峰等情况，调整车道通行方向。随后，相关信息直接推送至车载智能产品，让驾驶员第一时间获得相关信息。

停车场、高速收费站等周边场景，同样能够借助智能安防进行全线升级。例如，中国目前多个省份正在大力推广的 ETC 通行，即是借助视频捕捉设备读取汽车信息，并直接进行高速费用扣除。汽车不必停止即可通行，有效提高通行能力、简化收费管理、降低环境污染。

可以看到，智能交通的应用，不仅涉及智能安防，还会与智能驾驶等紧密结合，以此更加保障道路安全。

目前，ITS 系统在日本已经得到广泛应用，美国、欧洲、中国同样发展迅速，如北京、上海、广州、杭州等重点城市，都已经建立了完善的智能交通系统。

以北京为例。北京的多数道路，都已经引入智能管理系统，实现了交通控制、公共交通指挥与调度、高速公路管理和紧急事件管理等，相关智能管理系统不仅能够根据道路实际情况进行车流调整，还可以第一时间捕捉交通事故，自动报警、通知 120 急救等。

二、智能楼宇：智能安防的快速增长点

各类智能安防产品之中，智能楼宇是当下发展最快的领域。首先，楼宇的安全与生活息息相关，这是民众关注的焦点；其次，智能楼宇落地已经较为成熟，尤其对于新建小区、写字楼来说，在设计之初进行相关规划，即可快速完成安装。

例如，中航地产就与深圳商航景科创进行深度合作，对楼宇进行智能安防的全面升级。商航景科创针对中航地产的新办公楼，打造出集智能化应用、系统资源共享和数据挖掘于一体的智能安防体系。

与以往单一监控、单一门禁、单一报警的安防系统不同，商航景科创的智能安防平台在人脸识别技术的基础上，集成了门禁、环视监控、智能报警、人脸底库管理等模块，除了可以完成对人脸的识别和门禁功能，还能在整个楼宇中进行全景监控，包括人体卫衣系统、访客黑白名单管理等，以此更好地满足办公楼、停车场、仓库、厂房、广场等公共环境安防需求。

更为高端的智能楼宇系统，不仅可以实现安防目的，甚至还可以对环境进行监控，将安全系数进一步提升。

德国施耐德电气就为北京苏世民书院打造出了一套全新的智能楼宇模式。这座书院之中，有两套智能系统：智能楼宇管理平台 (BMS) 和能源管理系统 (EMS)。这两套系统相互配合，会对书院各处进行时时监控与数据采集，同时还能够监控书院内部的温度、湿度、空气质量，一旦发现出现隐患，系统会立刻控制设备进行空气优化，确保环境舒适的同时，实现对能源的监控优化。

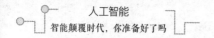

无论智能交通还是智能楼宇，可以看到：智能安防的发展，已经不再局限于"安防"，而是在安防的基础上提升品质，高效、舒适、降低人工成本、提升环保效益，同样成为重要的衡量指标。随着科技的进一步发展，未来，我们的生活环境会呈现怎样的变化？让我们拭目以待！

3.7　智能教育：颠覆传统教育，更个性化与智能化

在巴西巴伊亚，有两个名叫大卫和罗玛的孩子，他们今年15岁。这一天，他们在家里打开手机，但并不是玩游戏，而是登录到教育应用APP"Geekie Lab"上开始上课。大卫说："有了这样的APP，现在无论在哪里，我都可以上课。"

一旁的罗玛做了一个鬼脸，说："不过特别糟糕的是，我再也不可能逃避作业了。作业都在APP里，如果我没有做完，那么Geekie Lab就会不断地提示我……"

这样的场景，并非出现于某个青春电影之中，而是正在现实中发生。智能教育的出现，让传统教育行业产生了前所未有的颠覆，个性化与智能化日渐成为主流。

美国教育部门曾发发布过报告：预计2017~2021年，美国教育中的人工智能将增长47.5%。尽管多数行业专家认为：教师是不可替代的，无论人工智能如何发达，教育行业都需要真正的"人的感情"

进行交流，但不可否认，随着智能教育的不断升级，教育行业会发生很多变化。

一、差异化和个性化的学习模式

因材施教，这是孔子在几千年前就提出的教育理论。根据不同学生的认知水平、学习能力以及自身素质，教师选择适合每个学生特点的学习方法来有针对性的教学，这样才能有助于学生的成长。

差异化与个性化的教学，早已在中国人心中根深蒂固，它是最佳的教学方式。然而直到今天，这一追求依然无法实现。

原因很简单：如果教师安全按照这一理论进行教学，那么就意味着需要针对每一个孩子设定完全不同的课程体系，这样的工作量没有一个老师可以完成，教学体系、教学大纲将会被完全推翻！

所以，"因材施教"这四个字尽管说了上千年，但受限于人类自身的能力，依然是天方夜谭。

直到人工智能的诞生，差异化与个性化的教学，才逐渐成为现实。如 Content Technologies 和 Carnegie Learning 等科技教育公司，它们正在开发智能教学设计与数字平台，每一位学生的课题、测试都是截然不同的。A 学生的成绩优异，那么他的学习内容，更加侧重于深度；B 学生的成绩较差，他的学习内容、测试内容，主要为基础领域。当他的成绩呈现明显进步时，才会晋级到下一阶段。

这就是人工智能带来的变化，借助大数据与云计算，每一名学生的智力水准、学习习惯、过往学习成绩都会被完整统计，智能教育在前期会经过不断测试，确认学生的学习能力，帮助其确认学习范围。在学习的过程中，人工智能还会不断根据学生的掌握情况，对课程进

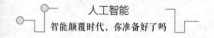

行调整。

如果说一名教师，也许可以针对三名学生展开这样的教育方式；那么一个庞大的人工智能系统，则可以针对三千名学生的整个学校进行个性化与智能化教育！

未来，这种因材施教的人工智能教育方式，不仅只停留在课题、测试之上，AI 还会捕捉到学生的表情，以此判断学生掌握的能力。简而言之，当我们学习过程中哈欠连天，AI 会立刻意识到："这名学生看起来对这些内容的兴趣有限，需要给他一点新的刺激了！"

这样的智能捕捉，目前还未正式诞生，不过，随着科技的发展，它会很快来到我们身边。孔子一定没有想到，他所追求的"因材施教"，竟然会在几千年后的人工智能时代得以实现！

这样的尝试，正在进行之中。

北京市海淀区教委与科大讯飞公司合作成立的人工智能教学联合实验室，就针对海淀区各个中小学，开展智能课程引入、人工智能进课堂的探索。基于大数据的智能分析，老师不仅能够发现每一名孩子的知识掌握情况，还可以发现自身存在哪些教学问题，从而调整教学路径。

二、智能教育：AI 领域的下一个风口

正是由于智能教育对于教育行业颠覆式的改变，所以，智能教育也成为 AI 领域的下一个风口。越来越多的企业，都投身于智能教育之中，传统教育机构也在寻找转型升级的机遇。如 51Talk、Vipkid、洋葱数学、小伴龙、英语流利说等诸多互联网教育领域领域，近年来都不断加大研发与市场推广的力度，在教育领域跑马圈地。

新东方已经开始与知名科学团体松鼠会展开 AI 教学的深度合作。松鼠 AI 提供完善的 AI 系统，帮助新东方快速了解学生的知识掌握情况；而新东方的学生，也为松鼠 AI 提供了大量的应用数据，让松鼠 AI 得以不断进行深度自我学习，提升 AI 的能力。

所以，未来中国的教育市场，智能教育必然会呈现井喷之势。尤其在智能手机、平板电脑已经完全普及的今天，借助互联网进行在线学习，将会越来越成主流。不受时间、地域的限制，同时智能教育可以有效保障教学质量，人工智能给教育行业带来了广阔的升级空间。

三、提升教育质量，而不是抢走教师饭碗

智能教育具有人类无可比拟的能力，但是这不等于：它会抢走教师的饭碗。

智能教育最准确的定位，应当是教师的教学助手，帮助教师快速发现问题。例如，当学生误解了数学中某个重要的概念，但教师很难做到立刻发现问题，而有了人工智能，那么学生在做作业之时遇到困难，人工智能就会立刻进行分析，并将结果通知给教师，帮助老师迅速发现学生存在的问题。

所以，当教育行业有人哀叹"老师们要统统下岗了"，恰恰表示出对于智能教育的认知不足。教育不是冰冷的灌输，而是需要通过有温度的交流，让学生不断得以提升。在人工智能尚未真正拥有人类感情之前，它无法做到完全代替教师，真正站在讲台之前。

新东方就发现，如果不配备教师，那么即便智能教育再发达，也很难起到效果。通过与老师有温度的交流，孩子才能真正形成学习自觉性，理解学习的意义是什么，这是极其无法比拟的。

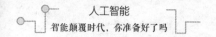

俞敏洪曾举过这样的例子，最能体现出教师与人工智能的关系："你没有办法把一个机器摆在孩子面前，对这个机器说，孩子学不好，你要对他负责，但是你可以对一个老师这么说。"即便智能教育如何发达，它也无法代替有温度的教师。

也许在遥远的未来，当 AI 真正通过图灵测试，开始拥有人类的感情之时，那么也许所有教师都必须让位给人工智能。但是这一天究竟何时会到来，是否真的会到来，这一切都只是未知。所以，当前哀叹"人工智能取代教师"，无异于杞人忧天。

3.8 智能家居：让生活随心随性

"五分钟后到家，请提前打开空调。"

"开启窗帘！"

"机器人，今天下午会有客人拜访，请于 13:00 之前将客厅打扫完毕！"

……

看到这样的"命令"，我们一定会意识到：有人正在操作智能家居系统。

在各类智能领域之中，智能家居的起步最早，如今已经形成较为完善的体系，已经走进千家万户。正如一开始的场景，当我们拿出手机打开智能家居 APP，即可轻松实现。

家居，它与民众的生活最为紧密，所以成为了最早试水人工智能的领域。2016 年，工业和信息化部印发的《智慧家庭综合标准化体系建设指南》，就明确说明：智能家居是智慧家庭八大应用场景之一，并制定了明确的标准，为其发展奠定了完善的基础。

早在 2010 年，中国就已经开始智能家居的探索。彼时，物联网与智慧城市的概念刚刚提出，智能家居作为第一轮产品很快诞生于市场，软件也经历了若干轮升级。

不过，当时的智能家居产品还处于初级阶段，存在智能程度有限、连接频繁失误、应用范围较窄、实用度不高的情形。例如，曾经大肆宣传"智能椅子"，宣传的重点是可以为手机充电。但事实上当用户体验后发现：椅子发电需要人坐在上面不断抖动，体验效果非常差。同时，当前不断增大的手机电量、充电宝等已经完全可以满足电量需求，"手机充电"不过是一个伪需求，实际应用价值极低。

不能为用户带来便利，反而带来一系列不必要的麻烦，这样的智能家居，不仅不会让生活随心随性，反而更加"窝心"。这样的智能家居产品，就是"伪智能家居"产品。

一、什么才是真正的智能家居？

什么才是真正的智能家居？

首先，我们应当了解行业对其的精准定义：智能家居以住宅为平台，基于物联网技术，由硬件、软件系统、云计算平台构成的家居生态圈，实现人远程控制设备、设备间互联互通、设备自我学习等功能，并通过收集、分析用户行为数据为用户提供个性化生活服务，使家居生活安全、节能、便捷等。

以此来看，智能椅子就明显不符合智能家居的定义：它仅仅提供了一个充电功能，无法实现远程控制、收集用户行为数据等，仅仅只是"多了个插口的椅子"罢了。

真正的智能家居，既可以通过文字，也可以通过智能语音技术，轻松打开各种智能家居设备，如开关窗户、开关照明系统、家电设备等。人工智能与用户经过一段时间的磨合，还会分析出用户的兴趣与爱好，为用户提供精准的建议。

例如，我们经常在晚间十点通过智能电视观看好莱坞电影，那么智能系统就会意识到：晚上十点是你个人的时间，你所热衷的是好莱坞大片。那么，未来它就会为你推送各类相关影片，让你完全享受自由时光。

再如，每个周末你会带着家人外出郊游，晚上六点半通过智能APP提示打开热水器、空调等，但在某个周末APP未收到相关信息，这时它就会主动向你发送信息，确认是否需要开启相关设备。

成为你的专属家庭管家，就像人一般，随时关注你的动向，主动进行提示，这才是智能家居的核心。同时，它还具备自我状态即环境自我感知的能力，一旦发现产品异常，就会立刻通过大数据分析原因，主动向你说明。

还没回到家中，就可以打开手机里的灯光控制；十五分钟后想要洗澡，热水器已经提前开始运转；两个小时后要与朋友小聚，智能冰箱根据存货列出餐单，并提出建议……利用科技手段让原本普通的家具设备变得聪明，这才是真正的智能。

二、智能家居的未来蓝海掘金点

通过手机 APP 完成对于智能家居的操控，这已经不再让我们陌生。但是，这并不是智能家居的终点，它依然在不断进化之中。未来，智能家居的蓝海掘金点在哪里？哪些细分领域，还能创造出更强大的"科技家居"场景？

1. 生物识别技术的应用

目前，多数智能家居产品都需要通过手机 APP 完成，无论在安全性还是实用性上，都有一定的限制。尤其当手机遗失时，会造成不可想象的后果。

所以，生物识别技术，必然将会成为智能家居的重点发展方向，尤其在门禁系统之上。如指纹识别、虹膜识别、声音识别等。这样一来，人类可以完全摆脱其他设备的束缚，即便不会使用智能手机的老人和孩子，也可以轻松开锁，享受科技带来的便利。

2. 物联网云计算的进一步提升

云计算是人工智能的重要组成部分，但当下的智能家居，云计算往往只应用于某个具体的产品上，例如电视节目的推送等，不能做到共同关联。

未来，云计算的应用将会进一步提升，不仅设备之间形成数据关联，更会连接到整个智慧社区，形成庞大的物联网，让数据更加精准。例如，如果家中有人入侵，即便嫌疑人逃脱，但各个设备之间的感应器数据能够得到有效汇总并计算，判断嫌疑人的轨迹。同时，人工智能会根据时间自动调取社区内的录像、录音记录，提供精准的破案依据。

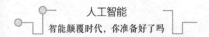

3.开放式的家庭信息平台

不仅局限于用户的感知和控制，未来的智能家居，还将成为信息平台，形成开放式的家庭数据源。例如，智能家居系统会与水、电、煤气、暖气等民生部门打通信息通道，第一时间显示相关缴费信息；还可以与社区对接，社区信息、活动信息、周边商家信息，都能推送到家居智能系统之中。

4.家庭能源管理

由于各个智能家居产品之间已经形成数据交换，所以，家庭能源管理也能够得以实现。全球能源问题日渐突出，节能减排是必然的发展趋势，各个家居产品之间进行智能数据传输，就可以根据实际情况进行在动断电等，实现节能环保。

例如，用户正在洗澡，客厅有人看电视，但卧室的所有灯光全部打开，这时候智能系统就会进行信息推送，询问是否需要关闭卧室灯光电源。这样的家庭能源管理系统，不仅可以实现节能减排，更能够大大提升家居环境的安全。

比尔·盖茨曾做过这样的预言："未来没有配套智能家居的房子，就是毛坯房！"现在，我们是否已经开始进行智能家居的改造？在蓬勃发展的智能家居行业中，我们是否找到了全新的掘金点？

3.9　智能农业：解放人类，提升品质

农业，它是人类的第一产业，直接关系着人类的生存，决定着社会的发展。

没有农业做基础，人类的一切发展都是奢望。食不果腹的时代，没有人会关注互联网，更没有人会关注人工智能。

我们看到了太多人工智能的案例，但是它们往往都局限于科技领域、城市生活，不免会让人产生这样的想法："人工智能是服务于精致的。粗犷的农业，注定与人工智能无缘。"

但是，事实上真的如此吗？人工智能难道真的无法"嫁接"于农业之上？

一、智能农业的发展

尽管我们对于农业领域的关注度有限，但事实上，农业领域早已开始了人工智能的探索。这其中最典型的，就是农业机器人的使用。目前，农业智能机器人已经可以完成播种、种植、耕作、采摘、收割、除草、分选以及包装等工作，协助物料管理、播种和森林管理、土壤管理、牧业管理和动物管理等工作，成为了农业生产的好帮手。

在进行病虫害防护时，人工智能也起到了非常有效的效果。

想要进行病虫害防护，传统的方式是技术人员通过视觉检查。这种方式不仅具有滞后性，当病虫害出现时才能发现，同时效率较低，

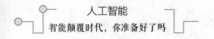

一旦能力不过关，很容易产生误差。

但人工智能的引入，会通过庞大的数据库进行对比，快速判断病虫害的类型，并迅速分析出严重程度，这就能给技术人员接下来的方案制定带来有效的数据参考。

美国和墨西哥的部分农场，已经借助这样的人工智能，开始针对病虫害进行测报。2017年以色列的一家农业公司在美国和墨西哥多个农场开展测试，他们在温室中安装了10台摄像机，连续拍摄作物的情况，并提交给人工智能系统进行分析。同时，它还会用相机预测作物收割的时间。经过这样的人工智能升级，当地的西红柿产量提高了4%，减少了因病虫害造成的损失。

中国也有一些地区开展这样的智能农业尝试。安徽省滁州市全椒县率先建立了"果园物联网＋水肥一体化"应用系统，人工智能系统能够实时监测棚内温度、湿度、二氧化碳浓度和土壤墒情。灌溉、控温、施肥等在内的大部分工作，目前都由智能调节系统和感知系统完成。

所以，关注度有限的农业领域，同样在积极进行智能农业的升级之中。越来越多的独角兽级企业，开始逐渐向智能农业领域渗透。

2018年，阿里云与四川特驱集团、德康集团宣布达成合作，利用自家视频图像分析、面部识别、语音识别、物流算法等人工智能技术，为每一头畜牧提供可供记录、查询以及分析的档案。这标志着智能农业开始受到重视，在其他领域已经获得成功的智能产品，正在农业领域得到广泛推广。

当然，相比较城市、家居、交通、金融等领域，农业的人工智能发展还存在明显滞后性。正因为如此，智能农业的蓝海前景更为广阔。

二、智能农业的未来

农业是关系人类未来发展的重要领域，某种程度上来说，它比出行、金融、家居等更具现实意义。数据显示，当前世界人口总数即将突破 74 亿之多，其中有很大比例的人面临着饥饿威胁，到 2050 年，全球人口将要达到 90 亿，这意味着我们生产的粮食热量需要增长60%。如果再计算上家畜的粮食，那么这一增长率需要达到 103% 才能满足人类的需求。

然而，除了美国、欧洲、日本等发达地区，多数地区的智能农业开展程度有限，依然依靠传统靠天吃饭、人工操作的方式进行农业生产。尽管中国部分地区已经开始尝试智能农业，但是对于多数地区来说传统方式依然是主流。

所以，大力发展智能农业，拓展农业蓝海，这不仅是中国的目标，更是全球的目标。

未来的智能农业，将会从智能耕作、智能控制、农业物联网等领域入手，提升农业生产的人工智能化。诸多企业，也开始进行这方面的探索。

例如，美国的 Abundant Robotics 公司，就将重点放在了智能控制之上，所开发的人工智能系统，可以自主采摘水果。Abundant Robotics 利用机器视觉技术来探测棚架上生长的水果位置，然后利用真空系统将其从树枝上拉下来。相比较人工采摘方式，人工智能设备的效率更高，能够短时间内快速判断水果数量与位置，同时真空系统的采摘避免了对果实的伤害，大大降低因为浪费而产生的成本提升。

当然，智能农业的发展，不仅在于如病虫害监控、果实采摘这样的具体操作环节之上，更会从整体入手，完成从播种到产出的智能化耕作。人工智能首先会根据土壤进行测试，判断最适合种植的品种是什么，还可以进行哪些种植物搭配，实现土地的高效利用；播种、养护使用智能机器人进行，提升效率；监控设备二十四小时进行数据分析，一旦发现病虫害隐患立刻进行解决。

农业生产的每一个环节，都有人工智能参与，这才是智能农业发展的最高目标。相比较人工模式的效率低下、错误率高等问题，人工智能会大大改善农业生产的流程，大大提升亩产率。

与此同时，伴随着农业自动化、智能化的推进，农业物联网也正在不断形成。人工智能技术通过对对物联网基础设施数据的收集，结合算法将其变为可视化的指导性数据，然后做出最佳的种植推荐方案。它会涉及到市场、环境等多个因素，避免出现盲目乱种的情形。

例如，人工智能通过对市场的分析发现：上一年市场草莓产量不足，市场供不应求，因此草莓价格较高。但是今年很多农户选择种植草莓，很有可能造成供过于求，价格必然滑落。与此同时，人工智能通过对未来天气的分析发现：今年雨水天气过多，会威胁草莓生长，很容易出现结果率较低的情形。

基于对市场、行业、天气等一系列大数据分析，人工智能形成完善的表格，对农户做出建议。有了这样一份翔实、完整的报告，当地政府可以引导农户进行其他种植物的培养，并根据人工智能的建议，在针对性区域进行市场推广。

当然，相比较其他领域，农业领域的人工智能应用，涉及的不可知因素更多，地理位置、周围环境、气候水土、病虫害、生物多样性、复杂的微生物环境的不同，都会造成生产方式、种植作物产生明显不同，这也是造成智能农业相比较其他领域的人工智能较为滞后的原因。

　　但无论如何，农业是人类赖以生存的根本，是人类发展的基础，发展智能农业，就是保障人类的当下与未来，要真正实现"解放人类、提升品质"的目的，就必须创造出一个与当下截然不同的智能农业时代！

第四章

商业智能: AI 颠覆我们生活的 8 个方面

商业领域，是人工智能最早进军的领域。无论私人办公助手、自动驾驶助手，还是人工智能保姆机器人……商业消费市场早已在 AI 的影响下，变得与过去的模式面目全非。我们的生活，还会产生怎样的变化，商业生态体系，又将朝着哪个方向变革？

4.1　智能私人助理助工作高效

随着智能应用的越来越广泛，智能私人助理在商务领域，逐渐成为标配。"你怎么还用传统的便签？现在已经过时了！"不知不觉中，智能私人助理让白领一族的工作状态出现了明显变化，"不潮不智能"的风尚开始兴起。

当然，"潮"只是智能私人助理的表象。简短的语音、轻轻的点击，工作日程即从手机屏幕中弹出，这会给自己塑造出一种未来科技感的气质，酷劲十足；但最重要的是，智能私人助理能够明显提升工作效率，让复杂的项目变得简单，让忙碌的工作变得轻松。

━━ 一、从办公室到沙滩：场景一换，心情一换

越来越多的工作，都离不开电脑。尤其对于白领阶层而言，一天几乎所有的时间都是在办公室电脑前度过的。相信所有白领，都经历过这样的场景：

清晨 7 点，如打仗一般挤进地铁，车厢内已经人满为患。终于拖着疲惫的身体走出地铁站，想要搭乘的公交车却又在眼前呼啸而过。8 点 50 分，我们走进办公室，但此时已经筋疲力尽，打开电脑唯一的想法就是睡觉。一直到傍晚 6 点，我们终于将电脑关闭，但想到每一天的周而复始，不仅没有轻松，反而感到更加疲倦。心底里，我们这

样呐喊："这些工作明明可以不在办公室完成，但为什么要每天疲于奔命？！"

逃离办公室，逃离电脑，在轻松愉悦的阳光沙滩完成工作，这几乎是所有白领的梦想。可是，这能实现吗？

当然可以！一部手机，即可成为我们的智能私人助理，让我们脱离办公室的束缚，在感受阳光的同时，轻松完成工作。

互联网巨头微软，就在这一领域大举进攻。众所周知，对于白领而言，由微软推出的 Word、PowerPoint 和 Excel 是必不可少的办公软件。在人工智能时代，微软审时度势，将"办公三剑客"直接移至到手机端，推出了 Microsoft Onedrive。这样一来，无论身处何地都可以轻松打开手机进行办公操作。

从电脑移至到手机端，只是 Microsoft Onedrive 的第一步。微软又推出重磅产品 OneDrive 云存储，Microsoft Onedrive 的文件可以进行云储存，这样一来无论电脑端还是手机端，用户都可以进行统一的编辑，不再受某一部电脑、某一台手机的限制。

心情愉悦，工作效率自然会得到提升。一部手机，即可让我们实现逃离办公室的梦想。当然，人工智能对于办公的应用并不尽在于此，它还有更多私人助理的能力，帮助我们提升工作效率与工作情绪。

二、智能私人助理：牢牢贴近我们的工作

如果说微软的 Microsoft Onedrive 仅仅只是发挥出人工智能云储存的功能，那么更多其他类型的助理系统，则真正实现了"智能私人"的目的。例如，医疗领域的私人助理，将会大大提升医生的工作效率。

美国多家医院，都已经引入虚拟私人助理系统，这个系统可以提前对病人的信息进行汇总，如病人病史、最近做过哪些手术、在哪些医院进行过治疗，这些信息都会第一时间分门别类地推送至医生面前，给医生带来参考，实现实时数据的推送。

而在过去，这些工作往往需要护士进行反复咨询，一旦病人数量较大，很多时候甚至无法进行统计，只能由医生亲自完成。可以说，医疗智能私人助理的出现，将会大大缓解"看病难、排队长"的问题。

更为智能化的办公助理软件，则是 x.ai。这是一个基于邮件的人工智能会议日程管理个人助理，看起来似乎与传统的日程管理软件并无二致，但事实上，它却有一套让人惊讶的人工智能体系：只需要在会议预约沟通邮件中抄送：amy@x.ai，这个神奇的小助理就能根据客户的日程，自动与会议方进行沟通协调，完全无需人工操作。小助理会不断分析我们的日程内容，主动进行优先排名，直到敲定最合适的时间。

这款智能小助手，如今在全球已经备受欢迎，它会大大减少沟通时间，提升工作效率，同时保证沟通过程的良好氛围。某知名咨询公司负责人希瑟·格罗佛（Heather Grove）就曾表示："人们经常把我的人工智能助理误当作真人！"

将人工智能助理误当作真实存在的人类，人机之间的沟通没有任何隔阂，这是对于人工智能的最高褒奖。

2017 年 8 月 8 日，九寨沟发生地震。很快，中国地震台网的智能机器人在 18 分钟完成新闻采集配图，其时效性、准确性远比人工高很多。所以，中国地震台网的编辑能够快速进行文章编辑与发布，第一时间将地震情况通报给全国，既保障了民众的知情权，同时也避免了相关谣言在社会传播。

三、从个人助理到团队助理

满足一名用户的需求，人工智能已经可以轻松应对；更为高级的智能私人助理，则不仅能够服务于个体，甚至可以成为整个团队的助理。

例如，网盘是办公领域重要的工具，可以进行在线云存储与共享，而新一代的网盘，则进一步提升人工智能的应用。联想企业网盘就开始这方面的探索，大力提升人工智能技术，为零售、金融、制造、环保、政教等行业提供了一整套高效安全的办公协同以及智能的数据管理解决方案。

这个方案，还有一个特别的名字：联想智能协同办公平台。它已经不再只是单纯的网盘。

联想智能协同办公平台，可以允许多人同时编辑，团队能够共同完成工作，同时可以随时通过 @ 的方式，与其他同事保持充分沟通。编辑的内容也可以进行灵活锁定，避免多人协作时出现编辑冲突。平台还会详细记录编辑进程，并能够自动存储历史版本，方便团队及时发现问题并调整。

过去，我们的工作方式往往是自己完成编辑后传送给 A 同事，A 同事继续完善转交至其他同事或部门，每一步的工作都处于封闭独立的状态。但这样的平台出现，意味着所有人可以同步进行工作，效率得到大大提升。

提供多人协作编辑的同时，联想还将语音识别技术和数据安全监测同样引入平台之中。例如，当员工进行语音内容输入时，联想创新性研发的语音算法，使专业词汇语音输入识别率已经从 64% 提升到90% 以上，保证工作的准确率和效率；同时，团队可以设定语音安全验证，只有团队内部的人才能打开平台，而数据安全监测将会如实记录每一次的登陆时间、登陆员工、编辑内容等，大大提升了工作的安全性。

速记员、网络安全员、快递员……一个人工智能程序，已经将这些工作全部囊如其中。有了这样足以假乱真的人工智能私人助理，无论我们身在怎样的办公环境之中，都可以体验一回"当老板"的感受！

4.2　请个智能机器人回家当保姆

"哆啦 A 梦，求求你快给我一个自动烹饪机吧，我答应小静，今天可是我要邀请大家吃饭呢……"

"大雄，我拿你真没有办法！等着，让我找找……有啦！"

哆啦 A 梦的故事，相信每一个人都不会感到陌生。那个从遥远未来穿越到现在的机器猫，与其说是大雄的好朋友，倒不如说就是他的智能保姆。这个可爱的机器猫，成为了很多人从小到大的梦想："要是我有一个这样的智能机器人保姆该多好啊！"

哆啦 A 梦，只是动漫作品中的智能保姆；现实中，随着人工智能的不断发展，如今，请个智能机器人回家当保姆，已经不再只是幻想。越来越多不同类型的哆啦 A 梦，正在我们的身边不断诞生！

一、找一个智能机器人当保姆！

智能保姆，已经开始出现于市场之上。360 儿童机器人、巴巴腾智能机器人、小胖机器人等家庭服务机器人，已经在各大平台开始贩卖，而小米智能扫地机器人的出现，更是让相关产品大卖。

表面上看，小米智能扫地机器人只是一款自动扫地机，但事实上，它其中蕴藏着大量的"黑科技"。正是因为这些黑科技，让它拥有智能化特点，可以像人一样完成扫地工作。

第一个黑科技就是三处理器的植入。小米智能扫地机器人的处理器会模拟人类大脑思考方式，彼此之间相互合作，将采集的数据交给 SLAM 算法。这个算法会进行房间立体构建，并实施定位。前期建模之后，它会根据地图划分区域与设计清扫路径，最终形成先沿边后 Z 字形的清扫路径，逐一完成分区清扫任务。

相信，即便是人类也很难进行这样的规划。打扫房间的我们，往往容易顾此失彼，在打扫完成后发现某些角落并没有细致打扫，不免懊恼自己的规划。但在小米智能扫地机器人"眼中"，这些问题都不再是问题！

第二个黑科技，就是 LDS 激光测距传感器。它相当于智能扫地机器人的眼睛，它会以 $5 \times 360°$ / 秒的速度扫描房间，获取距离信息，然后选择最合理的方式进行清扫。浮土灰尘、毛发、碎屑……它都会进行主动判断，然后选择相应的清扫方式。

现在，我们再也不必蹲下、甚至躺在地上，将扫帚探入漆黑的床底。对于人类来说，这样的保姆就是我们最需要的！

第三个黑科技，则是远程智能控制系统。我们甚至不必在家中对小米智能扫地机器人发出指令，只要打开米家 APP，设定清扫时间，即便家中无人它也能自动完成工作。

这样的智能保姆，有谁会不喜欢呢？

当然，小米智能扫地机器人产品，目前还停留在单一功能之上，离真正的保姆还有一定距离。更为"人类保姆化"特点的智能机器人，则是阿里巴巴开发的"天猫精灵X1"。表面上看，它只是一款音箱，但事实上天猫精灵X1中已经植入了大量的人工智能程序，并整合了支付宝、淘宝、菜鸟物流等。

这意味着什么？意味着只要有需求，那么只需通过语音输入，它们即可帮助我们完成一系列购物、充值、叫外卖、转账等服务！同时，它还可以与家中其他智能家居设备进行关联，可以通过天猫精灵X1直接控制家居产品。

例如：

"老婆今天中午不在家，你帮忙给我点一份肯德基的套餐吧！"

"老爸下周生日，给姐姐转账500元帮我买生日礼物！"

"好像厨房门没有关……麻烦帮我关一下吧！"

"马桶忘记冲了，冲一下。"

……

"好的，收到。"我们只需动动嘴巴，天猫精灵X1就会毫不打折地立刻执行。恐怕，人类保姆也无法做到这样的事无巨细与高效率！

更让人震惊的是，它还拥有声纹识别技术，能够分清家里的每一个人，识别使用者的身份。这就意味着：它并不是盲目地听话，而是会根据不同人的特点、权限，进行工作。例如，当它分辨出是五岁的小主人发出了"打开煤气"的指令时，会意识到这并不是正确的指令，因此主动取消操作，保障家庭的安全。

虽然，这些智能保姆并不是我们想象的那样，拥有如哆啦A梦一样可爱的外型，但是谁又能否定，随着制作技术、仿生技术的不断提升，未来不会有一款真正与人一样的智能保姆诞生呢？

二、从保姆到管家：智能机器人无所不能！

多数消费者对家用机器人的期待是"多才多艺"，可以打扫卫生、洗衣晒被、炒菜做饭等。而事实上，智能保姆不仅能够提供生活便利，对于家居安全，智能保姆同样可以轻松应对，成为一名合格的家庭管家。

美国卡内基·梅隆大学就开发出了一款智能传感器保姆，当我们将设备插入电源后，传感器可以直接捕捉室内的声音、湿度、电磁噪声、运动和光线等一系列数据。通过对数据的分析，它会确认家中是否关闭空调、燃气是否完全关闭等，并将相关信息直接推送于用户。

更为高端的智能管家，则是由Facebook创始人扎克伯格开发的人工智能贾维斯（Jarvis）系统。这个系统的突出特点就在于——它不仅服务于室内，更能服务于整个家庭系统。例如，当访客到来之时，贾维斯（Jarvis）会对来客进行识别，通过识别后会打开大门，并主动提示主人。这样一来，主人就可以提前做好准备，在门口进行迎接。

室内的贾维斯（Jarvis），更加体现出管家的特质。根据来客的身份进行音乐调整、自动开启室内灯光，提醒扎克伯格的小女儿不要忘记上汉语课。甚至，当扎克伯克需要外出，它会根据场合、时间、来宾等进行服装搭配，并在扎克伯克准备离开时，自动弹开衣窗，将搭配好的服装挑选出来。

说到贾维斯（Jarvis）系统，我们也应该了解这样一个小故事。

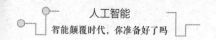
扎克伯克之所以将其命名为"贾维斯"，正是因为这是美国经典电影《钢铁侠》里"超级管家"的名字。

贾维斯是钢铁侠的智能管家、超智能软件，能独立思考，会帮助主人处理各种事务，计算各种信息，钢铁侠的机甲开发以及方舟反应炉的更新都离不开它的协助。它无所不在，可以将自己转移到任何一个数码终端，能够自由操控钢铁侠的 35 台机甲。它，寄托了人类对于人工智能的所有幻想。所以，当扎克伯克开始研发自己的智能系统时，自然而然地就想到了这一经典形象，渴望电影中的场景能够真正在现实中实现。

有了这样的智能管家，电影里"业主一进门儿，甭管有事儿没事儿都得跟人家说：May I help you, sir？一口地道的英国伦敦腔，倍儿有面子"的场景已经不再是梦想！

4.3　驾车从此可以随心所欲，不必劳神费力

人工智能，当然不能被束缚在家中，它还有更广阔的商业市场。汽车，就是它的另一个舞台。谷歌无人驾驶汽车的推出，标志着一个新的时代就此诞生，驾车从此可以随心所欲，不再劳神费力。

一、智能驾驶的浪潮袭来

几乎所有汽车厂商，都将智能无人驾驶作为未来发展的重中之重。谷歌、特斯拉等作为领头军，已经实现无人驾驶汽车的真实测试。中

国的百度，同样在积极推进智能驾驶的研发。可以说，无人智能驾驶已经在全球达成共识，它的产业发展进入高速阶段。

当然，现阶段的智能驾驶，依然是初级阶段。多数智能驾驶汽车，会借助摄像机与各类传感设备，通过人工智能进行车道偏离预警等，智能巡航控制可以自动保持与前方车辆之间的距离，自动降速与加速，但仍需要驾驶员对车辆进行控制，属于辅助功能。

随着人工智能的不断进步，新的智能驾驶将会诞生。在这个阶段，司机将会完全让位给人工智能，我们只需设定目的地，车辆就可以自动分析线路并进行监控，方向盘或踏板等将会彻底消失。汽车，成为一个封闭式的娱乐、工作与休息的空间，驾驶完全随心所欲。

甚至，"驾驶"这个词，也将会随着智能驾驶时代的到来，彻底成为"老古董"而被淘汰。未来的汽车，将会以搭乘者的便利性为主，打造办公娱乐空间。届时，即便残障人士，也能轻松驾驭汽车，不受任何束缚。

二、汽车后市场：人工智能的新突破

汽车内部智能化是大势所趋，与此同时，汽车后市场的人工智能化同样发展迅速，它同样加速汽车领域商业智能化的发展。

所谓汽车后市场，它指的是汽车在销售之后，围绕汽车使用的各种周边产品，以及这个过程中的汽车服务。在汽车后市场打开人工智能，它会提升驾车感受，让人工智能商业化的发展更加蓬勃。

例如，在 2016 年 9 月 28 日的第二届世界互联网工业大会上，由软控股份有限公司推出的"智能轮胎"，得到了广泛关注。这款轮胎会实时显示轮胎的使用状况，包括胎压、磨损程度、出厂时间、建议使用路段、下次保养倒计时等一应俱全。而根据不同的路况、路段，智能轮胎还会提出合理建议，有效降低磨损。

同时，这款轮胎还可以感受车主的诉求，对座位调整提出建议。即便没有拥有智能系统的汽车，也可以通过这款智能轮胎实现人工智能化的升级。

汽车后市场的智能化发展已经如火如荼，尤其如轮胎、导航等领域。知名轮胎品牌森麒麟已经开始自主建设 4.0 工业工厂，双星轮胎同样开启绿色轮胎工业 4.0 示范基地项目，智能化发展势不可挡。整个产业，进入了全新升级换代的时代。

与此同时，随着自动驾驶技术的不断成型，对数字地图的应用需求也越来越高。想要实现自动驾驶，人工智能就必须配备高精度地图，误差不能大于 10 厘米，否则就会造成一系列不可想象的后果。所以，数字地图同样成为汽车后市场最具活力的领域。

数字地图，分为前装与后装两种类型，前装是指汽车出厂前即进行安装，后装是指出厂后按照用户需求进行的安装。但无论哪一种，都需要相关专业数字地图厂商的支持，如凯立德、高德地图、百度地图等，都是装载量较大的品牌。

未来，汽车前装数字地图的趋势将会越来越明显，让购买者拿到汽车时，即可完全不必复杂的操作，就能顺利将车开至目的地。当然，后装数字地图厂商，可以拓展娱乐化、办公化方向，植入更多原车并不具备的影音功能，丰富汽车的内部系统。

除了传统汽车品牌，大批科技公司也在不断进行自动智能驾驶领域的布局。2017 年，阿里巴巴正式确认：团队已经开始进行自动驾驶汽车的研发，已有车辆进行了常态化路测，并具备了在开放路段测试的能力。

阿里巴巴将突破口放在了底层操作系统之上，如 AliOS，就是阿里巴巴推出的智能系统。数据显示，截至 2017 年年底，搭载 AliOS 的智联网汽车突破 40 万辆；搭载斑马智行互联网车机系统的智联网汽车车辆日活跃度达 99%；使用"你好，斑马"唤醒语人均下达指令频次 53 个 / 周；斑马智行 2.0 的语音引擎升级为阿里云 ET 智能语音后，日活跃度更是提升 100%，应用程度非常成熟。

由此可见，智能驾驶领域进入"群雄逐鹿"时代，传统企业积极转型，如宝马、奔驰、奥迪等；新兴品牌诞生之时便主打智能化，如谷歌、特斯拉等；而像阿里巴巴，乃至京东、百度等，同样虎视眈眈，随时准备抢占市场。

三、世界对于自动无人驾驶的支持

一方面，是汽车企业、汽车后市场品牌的积极推进；另一方面，则是世界各国对于自动无人驾驶的大力支持，让行业发展呈现出蓬勃向上的姿态。

很多国家，都已经开始对无人驾驶进行专项测试。例如 2017 年，德国交通部宣布在德国与法国之间的一条跨境公路上开始自动驾驶汽车测试。这条公路全长 70 公里，全程会捕捉自动驾驶汽车的所有数据，为日后国际之间的自动驾驶汽车发展提出建设性意见。

中国的邻国韩国，自动驾驶汽车的测试则更早。2016 年 11 月，韩国宣布允许自动驾驶汽车上路测试，并花费了 650 亿美元建立了配备有 40 个地面立体建筑、10 个十字路口、1 个交通圈、1 座桥梁、1 条隧道以及碎石路和大量的场景及障碍，这些障碍既是对自动驾驶汽

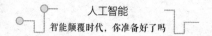

车的考验，同时还会捕捉相关动态数据，为自动驾驶汽车的发展提供最真实的参考。

另一个邻国日本，同样在 2016 年开始进行自动驾驶测试示范区的建设。2020 年，奥运会将在日本东京正式拉开帷幕，日本政府希望：届时日本全境都可以实现无人驾驶交通服务，以此为世界各地的游客带来高品质服务。

全球自动驾驶行业发展迅速，汽车工业发达的国家都开始进行积极转型，新兴科技型国家同样大举进攻市场。截至 2018 年 9 月，美国加州已经为 55 家整车企业、科技企业、互联网企业发放牌照，中国车企如比亚迪、吉利等也在不断布局，部分已经达到基础自动驾驶的水平。可以预见，也许不超过十年的时间，自动驾驶汽车会逐渐成为市场的主流！

4.4　刷脸成为常态，密码不再需要

很多人都有这样一种错觉：人工智能太过高高在上，它活在科幻电影之中，活在未来之中。

但事实上，人工智能其实早已在我们的身边，并得到广泛应用。尤其在商业领域，移动支付是最早介入人工智能的领域。越来越多的人，已经不再使用密码支付，而是将手指轻轻放于屏幕上，通过指纹即可轻松完成支付。

指纹支付，即是典型的人工智能技术。每个人的指纹都是独一无二的，人工智能借助高效云计算模式，通过指纹快速分辨用户身份，最终实现支付。这样一来，无论老人、孩子还是残障人士，都可以快捷完成支付。

所以，人工智能时代，密码已经不再重要。与其冒着密码被黑客破解、盗取的风险，倒不如借助生物特征，利用人工智能进行更安全的操作。

不仅指纹支付，手机指纹解锁等都属于人工智能领域的范畴。当然，这只是人工智能的应用初级，"刷脸"技术，已经越来越成为主流，它不仅大大提升了商业活动的安全性，更进一步颠覆商业模式，创造全新的商业场景。

一、刷脸识别：最有趣的人工智能识别方式

刷脸支付，这是近年来开始不断走俏的支付方式。早在 2013 年 7 月，芬兰创业公司 Uniqul 就推出了史上第一款基于脸部识别系统的支付平台，很快"刷脸支付"就成为移动支付领域重要的人工智能探索方向。

刷脸支付的方式很简单：用户只需要站在特定的 POS 机前，面对摄像头，系统就会自动拍照，扫描消费者面部，再把图像与数据库中的存储信息进行对比。消费者面部信息同时与支付系统相关联。当出现确认信息后，用户只需点击"OK"即可完成支付。

不仅在支付领域，如重点科研单位等，门禁系统同样可以借助"刷脸"确认信息，以此打开大门。刷脸支付将捕捉每个人面部多达上千个的匹配点，其安全系数堪称"军用级别"，甚至能够准确分辨出双胞胎的差别，所以它的安全系数比传统密码要高出许多。

那么，为什么将刷脸称为"最有趣的人工智能识别方式"呢？因为刷脸识别、支付的重要场景，就是休闲、娱乐场所，让人们可以完全投入到快乐之中，不被支付等琐事打扰。

例如，当我们与友人在 KTV 欢唱完毕，只要走到前台的刷脸支付机前，露出笑容，或是做出卖萌的表情，即可完成支付。甚至，自己的表情还能分享到各种社交平台。这样一来，支付变成了一种独特的体验，大大提升了支付过程的趣味性和互动性。

马云是中国商界有趣的"老顽童"，经常会在各种会议上表现出自己天真的一面，所以自然不会错过刷脸识别的乐趣。就在 2015 年 3 月，全球最知名的 IT 和通信产业盛会——德国 CeBIT 之上，马云公开展示 Smile to Pay 扫脸技术，现场他用各种奇怪、有趣的表情进行刷脸识别，顿时成为当天引爆互联网的热门话题。

刷脸识别能够得到科技界的广泛关注，核心就在于刷脸支付独创的"脱敏"技术，可以将照片模糊处理成肉眼无法识别、只有计算机才能识别的图像，这样安全性就会更加提升，用户所担心的隐私问题能够有效避免。同时，它无需用户再进行其他复杂的操作，所以成为未来人工智能识别技术的重要发展方向。

目前，刷脸识别已经得到了广泛应用，尤其在公安、教育、金融等行业。例如民生银行已经启动人脸识别系统确认用户信息，交通银行可以通过人脸识别进行自助办卡，社保机构引入人脸识别系统对参保人员进行远程资格认证……多种多样的人脸识别已经开始在生活中发挥积极的作用，让生活更便利，支付更高效，识别更精准，流程更简洁。

二、最具未来感的识别方式：虹膜识别

一个身手敏捷的男性，从黑暗中走出，悄然走到一扇大门前。他没有掏出钥匙，而是目不转睛地注视着一个窗口。忽然，男子的眼睛闪过一道亮光，随后大门缓缓打开……

这样的场景，我们在无数科幻电影中都曾见过。男子是如何打开大门的？为何一道光扫过眼睛就会完成识别？

这就是最具未来感的识别方式：虹膜识别。与刷脸识别相比，虹膜识别的精准度更高，它主要借助人们眼睛中的虹膜层进行扫描，但单位读取点更高，达到了 266 个，因此精准度也更为精确。

同时，虹膜识别还有一个特殊优势：不会因为气候环境等问题，造成不易识别。无论怎样的环境中，只要人工智能识别系统确认虹膜比对完全符合，即可完成识别。每个人的虹膜与指纹一样都是独一无二的，但是虹膜的识别点更加庞大，所以它的安全性与隐私性也更加牢固。

虹膜支付的诞生，与一群中国大学生有关。2014 年"创青春"江苏省大学生创业大赛上，由一群大学生所研制的"虹膜支付系统"首次亮相，立刻成为全场亮点，并标志着未来全新生物识别技术的诞生。

当然，相比较刷脸支付，虹膜识别目前的应用较为有限，依然处于前期研发阶段。但是它的应用范围已经逐渐清晰：移动中的环境，如跑步、行走、开车等，我们不必携带其他任何辅助设备，即可完成识别。试想，在清晨跑步之中，什么也不用带，站在具备虹膜支付功能的饮料柜前，仅需眨眨眼即可买到一罐功能性饮料，这是一次多么炫酷与充满科技感的经历！

除此之外，金融领域、服务领域也是虹膜识别的重要应用领域。

例如智能银行柜员、智能宾馆引导员等，借助精准的虹膜识别，有效确认用户身份，这在自助贷款、酒店预订确认等方面，具有非常广阔的应用前景。

人脸识别、虹膜识别，未来的刷脸识别模式必然会更加丰富。我们都渴望，能够享受科技带来的便利——

超市里，看着长长的结款排队队伍，你笑了笑，走到一个绿色通道，仅仅只是将手里的东西放在了一个筐子里，然后冲屏幕笑了笑，这时候手机弹出"您已付款"的消息……

这样的场景，已经开始逐渐成为现实。同时，"刷脸"不再仅限于支付，还能应用于各种安全系统之中。例如，三星推出的 S8 手机，就植入了虹膜系统，如果用户丢失手机，可以通过三星平台进行虹膜确认，随后对丢失的手机以及 Samsung Pay 进行远程锁定，避免不法分子窃取手机信息、盗刷账户。

未来，我们即便身上没有携带任何东西，也能够轻松完成支付、打开家门、启动汽车……这样的"科幻"，离我们还远吗？

4.5　智能语音识别，把指令喊出来

刷脸识别，这是人工智能识别商业应用的一个方向。与此同时，语音识别也正在快速发展中。"把指令喊出来"，这样识别技术更加快捷，用户甚至不必面对相关人工识别设备，用声音即可"控制整个

世界"！

这样的应用，事实上很多人已经不再陌生，尤其在汽车领域。如长安汽车推出的"小安"智能语音交互系统，可以让驾驶员不必进行任何手动操作即可完成车内设施的控制，"打开空调制冷""开启天窗""打开收音机，收听中国音乐广播"……这一切都可以通过语音指令完成，让驾驶者在享受车载娱乐的同时兼顾行车安全。

小米推出的小爱音箱，同样具备这些功能，并可以与家中其他智能设备相关联。用户通过语音，不仅可以开启音箱、播放音乐，还能够通过"智能小爱"开启电视机、空调等，只需一句"小爱同学，开启电视"，那么相关智能设备就会立刻进入工作状态。

一、有了"听觉"的人工智能

智能语音识别其实并不复杂，它就是让人工智能能够将语音信号转换为相应的命令程序，以此进行识别、理解和执行。相比较其他各类智能识别技术，智能语音技术的探索最早，并逐渐走向成熟。

例如，苹果手机的 Siri，安卓手机的 Google now，电脑端 win10 系统的 Cortana，都是智能语音识别与助理系统，它们都是各家宣传的重点。

人工智能时代，智能语音识别主要应用于三个领域，这是语音识别商业化发展的主要方向：

1. 语音输入系统

将语音识别成文字，提升用户的效率。如微信语音转换文字、讯飞输入法等，都是这个领域的主要代表。

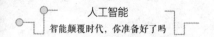

2.语音控制系统

通过语音控制设备，进行相关操作，彻底解放双手。例如小爱音箱、长安汽车小安系统等，是这种应用的代表。

3.语音对话系统

相比较语音输入系统和语音控制系统，语音对话系统更为复杂，却代表着语音识别的未来方向。这种系统，将会根据用户的语音实现交流与对话，保证回答的内容准确，对语义理解要求较高。在家庭机器服务员、宾馆服务、订票系统、银行服务等方面，都将会起到非常重要的作用。

例如，当我们想要购买飞机票时，向智能购票机器人说出："我需要明天飞往上海的机票。"

智能机器人："请问您的时间安排是怎样？需要下午到达还是上午到达？"

我们："下午到达就可以。"

智能机器人："向您推荐××××次航班，下午两点到达虹桥机场，您是否能够接受？"

我们："可以。请帮我选择经济舱。"

智能机器人："好的，正在为您办理。现在余票还有靠窗位置，请问您是否需要？"

……

当智能语音识别系统可以达到这样与人类流畅对话的阶段，那么"把指令喊出来"就会升级为"与人工智能进行语音交流确定最佳选择"，它能够更加提升我们的效率，同时也能轻松服务于孩子、老人等群体。

二、声纹识别：让语音识别更加隐秘！

小爱音箱、小安智能语音系统，这只是语音识别的第一步。它们的确可以为我们大大提升工作效率和生活质量，但是有一个问题却始终存在：任何人都可以启动这些人工智能设备，隐私保护较差，并不是我们的"专属语音管家"。

所以，声纹识别成为未来智能语音识别领域的重点方向。

相比较语音识别，声纹识别最大的特点在于：智能系统不仅会捕捉语音内容，还会根据音波特点、说话人的生理特征等参数，自动识别说话人的身份。因为，声音的发出是一个复杂的生理过程，每个人的舌、牙齿、喉头、肺、鼻腔在尺寸和形态方面的差异很大，所以发出的声纹图谱会与其他人不同。通过差异，声纹识别可以快速确认用户的身份。

如果说声音识别的目的是提升效率，那么声纹识别的目的，则是进行身份确认与审查，尤其适合应用于金融领域。例如，我们通过声音进行账户资金提取、转移等，借助声音识别就可以确认用户是"真正的主人"，保护相关活动的安全。同时，相关工作人员也将接入声纹识别系统，保证相关操作合规、安全、可追踪信息。

已经有相关机构，将声纹识别作为用户验证的方式进行应用。2018 年 5 月，泰康保险宣布：声纹识别已在泰康在线移动客服 APP 上使用。泰康在线的坐席人员，需要在移动客服 APP 预留八位数的数字声音，系统会为每一个客服进行识别模型的创造，当客服登陆后台时，直接通过八位语音数字确认身份，不必再输入密码。

不同于语音识别的是，声纹识别更多的是用来进行身份确认和核查。比如，在上文提到的智能家居、订票系统的智能对话系统中，如

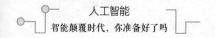
何确认发出语音指令的是你的主人？如何保证机器的操作是根据"真正的主人"的命令而执行的？在这一过程中就需要声纹识别来确认主人身份。

尤其在社保领域，声纹识别的作用更加明显。众所周知，中国已经进入老龄化社会，存在数量庞大的离退休人员。他们需要每年至少进行一次生存状态验证，这样才能进行养老金的发放。而目前的方式，是相关人员前往社保大厅进行验证，这对于行动不便的老人非常麻烦。

有了声纹识别，这样的情况将会大为减少。老人只需通过电话与人工智能设备对接，设备通过声纹识别确认老人的生存状态，这样一来既给参保人员提供了便利，同时国家也能够大大节省成本，保证养老金的正常运转。

此外，在一些特定领域，声纹识别也将发挥巨大的优势。例如在环境较为黑暗的场景之中，人脸识别因为光线过弱而无效，虹膜识别同样需要补光才能进行捕捉，指纹识别又因为复制和伪造的难度较低导致安全性不佳，但声纹识别却没有相关困扰，在漆黑的场景中同样能够发挥作用。

各种丰富的生物识别技术，让人工智能识别成为安全领域关注的焦点，各个厂商都在不断推出新的产品。每一种识别技术，都有其独特的优势，所以未来，刷脸、虹膜、声纹识别等会形成有效的组合矩阵，而不是某一单一类型垄断江湖。就像知名科技公司科大讯飞，在2015年，依托于声纹识别、人脸识别技术，构建了业界首个统一生物认证系统，用人脸识别补充声纹识别的不稳定性，全方位提高安全系数。未来，相互组合才是智能识别的商业新模式！

4.6　智能 OCR 识别，繁琐与错误统统消失

OCR 识别，也许这个词我们会稍感陌生，但事实上它和我们的生活、工作息息相关。尤其对于商务白领阶层而言，OCR 是必不可少的工作助手。

一、传统 OCR 识别的缺点

所谓 OCR 识别，即是利用光学字符识别技术，对图像上的文字内容、符号等进行识别，转换为可编辑状态进行使用。例如，通过扫描仪将一份文档进行扫描，再通过 OCR 进行文字识别，那么即可对相关文字进行修改、调整。这种技术，会大大提升工作效率，如汉王、文通等企业，都是 OCR 领域的巨头，相关软件在商务办公领域有着广泛应用。

由此可见，OCR 的目的很简单：对影像进行转换，让影像内的图形、表格和文字得以保存，并形成计算机文字，这会有效节约键盘输入的人力与时间。

早在 20 世纪 60 年代，OCR 识别就已经开始进行探索，时至今日已经具有较为完善的平台和软件。尤其在物流、医疗、金融、保险、传统制造业等领域，OCR 都有着广泛的应用。不过，在提升效率的同时，传统 OCR 的问题也越来越明显。

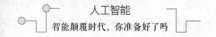

1. 原始文件存在缺陷，直接影响 OCR 效果

传统 OCR 会将文件进行扫描，然后通过识别系统进行转换，这就意味着：如果原始文件存在明显污渍、歪斜、噪点等问题，那么就会直接造成识别效果极差，出现乱码等情况。

例如，很多时候，商业表格单据通常都会加盖印章，导致文字被遮盖，OCR 识别时会出现明显的错误；再如，涉及到跨国经济的文件，通常会有中文、英文、法文等多种文字的组合，造成文字识别干扰，极大影响识别准确率。

尽管部分 OCR 软件，提供了后期调整倾斜度、旋转与翻转、橡皮擦等功能，但这些功能应用较为复杂，如果缺陷较为严重，反而还会造成效率的低下。同时，如果污渍较为严重，使用橡皮擦功能也无法进行修改，就会导致识别无法继续进行。

2. 操作较为复杂，需要多设备支持

传统 OCR 识别，通常都采用"扫描仪 +OCR 软件"的方式，这就意味着我们不仅要安装 OCR 软件，还要学习扫描仪使用方式。当文件扫描结束后，还需要保存至本地电脑，再打开 OCR 软件操作。如果文件量较大，很容易出现文件归类偏差，影响工作效率；同时，如果扫描仪、OCR 软件、电脑任何一个环节出现问题，就意味着整个识别工作都必须停滞。

3. 对手写字体的识别错误率较高

对于计算机字体，传统 OCR 具有较强的识别能力，但是对于手写字体，OCR 软件往往会陷入混乱，经常出现错字的现象。由于手写字体并不像计算机字体那样标准，所以面对手写文件，OCR 识别通常

往往只能望"字"兴叹，所有工作依然只能依靠手动输入完成。

繁琐与错误率，是传统 OCR 识别最大的弊端，制约了 OCR 识别的进一步发展。但随着人工智能系统引入 OCR 领域，这些让人头疼的烦恼，终将迎刃而解。

二、人工智能时代，OCR 识别颠覆我们的想象力！

随着人工智能时代的到来，几十年几乎一成不变的 OCR 识别领域，忽然有了全新的变化。这种变化，是颠覆式的，它让识别变得更加轻松，甚至即便不会使用扫描仪、OCR 软件，我们也能快速完成识别工作。

例如，华为推出的智能 OCR 技术，就让 OCR 拥有了一双"智慧"的双眼。

与传统 OCR 相比，智能 OCR 明显的升级点就是——图像预处理技术。华为智能 OCR 系统就植入了 Autoencoder 自编码器，这个系统会有效分离文字、表格和其他各种图案，无需人工进行筛选，它就能自动完成分类，同时降低噪点，极大简化了后续的文字识别和版面分析过程。它会将整个图片分门别类地进行建档，帮助我们快速应用。

仅"分层"这一点，就是传统 OCR 无法胜任的。它不仅需要我们进行前期扫描，还需要专业的制图师通过 PHOTOSHOP 等软件进行后期处理，动辄就是数天的时间。

同时，针对各类复杂背景下的证件 OCR，华为的智能 OCR 将会自动进行关键点捕捉，将有效的信息从复杂的背景中提取，并自动进行水平校对和角度修正。如果关联至指定页面，它还会根据定位自动进行填充，调整文字字号到校，适应框体。尤其对于繁琐复杂的数据表格来说，这种模式能够大大降低人工工作量，在极短时间内完成相关数据填写。

　　甚至，人工智能独有的深度学习功能，还会让手写字体的识别不再是"噩梦"。人工智能会不断学习各种写字习惯，只要给它一个数据，它就会在极短的时间内，完成这个字不下几百种的写法，可谓"最恐怖的学习达人"。任何一个字它都能在一秒钟内完成识别，即便如山一样的手写稿，也许不过一顿饭的时间，它即可全部完成。

　　如果由我们人来做，恐怕我们需要成立一个专业小组，花费数天时间才能完成初稿的输入。相信经历过这种工作的人，脑海中一定会浮现四个字：苦不堪言！

　　除了华为，如金山等公司，都加入到智能 OCR 的大军之中。除了有效提升正确率之外，降低繁琐的操作也成为了发展的重点方向。

　　当前，智能手机发展迅速，尤其智能摄像头的应用，可以最大限度保证图像、字体的清晰，并提供相应的修改工具，让照片更加清晰。智能 OCR 就结合这一技术，我们不必再打开笨重的扫描仪，只需将手机对准文件拍照，即可快速完成识别前的准备工作。智能 OCR 具有云储存功能，手机端拍摄完毕，PC 端即完成同步，可以立刻进行识别，不再需要繁琐的硬件连接。

　　与此同时，各类在线智能 OCR 平台的诞生，让 OCR 的使用更加呈现出全民化的特点。例如当我们拿到一款复杂的名片时，不必再打开通讯录繁琐地输入，只需拍照并打开 OCR APP，将图片上传，很快软件就会将姓名、电话、公司名称等重要内容完整识别，并自动保存于通讯录之中。这类在线 OCR 识别，尽管应用范围较窄，但实用度较高，可以有效满足我们快速识别文字信息的目的。

　　人工智能时代的 OCR 识别，已经不再局限于文本文字，它的应用已经扩展到身份证识别、护照识别、银行卡识别、名片识别、车牌识别等，对智慧城市、智慧金融、智能交通等同样具有非常有效的帮助。所以，在过去 OCR 识别仅限于"办公室一族"，但是未来它的身影，将会出现于我们身边任何一个角落。

"一键识别，无需修改"，当这样的智能识别 OCR 技术进入我们的工作之中，也许未来，文秘的工作也要让位于人工智能！

4.7　个人健康智能管理：让病患隐忧远离

"智能手环提示我昨晚的睡眠质量不佳，看来我不能再熬夜了。"

"我的智能手表告诉我，我已经连续三天运动量不达标了，看来我需要再重新好好锻炼起来了！"

……

借助智能手环、智能手表，监控自己的健康状态，这样的场景我们已经不再陌生。苹果、三星、小米、华为等品牌，无一例外都将人工智能引入到个人健康管理之中，凭借着这些智能穿戴设备，我们可以实时监控自己的脉搏、运动量、睡眠质量乃至血压等。人工智能，正在逐渐成为我们的健康管理管家。

苹果智能手表、小米智能手环，开启了个人健康智能管理的大幕。而随着相关设备与人工智能的不断升级，个人健康管理领域呈现更加专业化的发展，病患隐忧会被第一时间发现，让我们远离疾病的困扰。

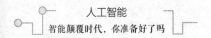
一、专注个人健康管理：智能穿戴设备的方向

近年来，各类智能穿戴设备层出不穷，但经历了前期"备受关注"的阶段，随后智能穿戴设备的热度持续下降，即便如苹果也不可例外，Apple Watch 销量不断下滑。

消费者之所以很快便"始乱终弃"，就在于多数可穿戴产品同质化严重，缺乏创新，更重要的则是实用性不足，最终沦为"电子表"。

不过各大厂商发现：尽管智能穿戴设备销量降低，但是多数使用者对于脉搏测量、睡眠监测等功能却非常依赖，这就意味着：个人健康管理才是可穿戴智能设备的痛点！

所以，沿着"个人健康管理"这条路不断下潜，这才是智能穿戴设备的方向。各大厂商，无一例外将此作为未来发展的重点。事实上，早在 2015 年，腾讯 ISUX 用户研究中心发布的《2015 智能可穿戴市场白皮书》中就显示：对于智能可穿戴设备，消费者最期待的正是"健康"类相关功能，如图所示。①

---

① 图文引自腾讯 ISUX 用户研究中心发布的《2015 智能可穿戴市场白皮书》，有删改。

绕了一个圈，智能穿戴设备终于回到"正路上"，将个人健康管理作为重点。在消费需求升级的大环境下，利用最新的智能技术管理健康已成为一种趋势。而其他诸如办公助理等功能，交给专业的办公 APP 完成即可。

正如 2018 年 9 月，苹果发布最新 Apple Watch 4，最大的亮点就是多了心电图的功能，可以检测心脏的活动并作出相应的预警。即使身体没有感到任何异样，一旦发现心率过低它也会主动进行提示。

Apple Watch 4 中全新增加的感应器和陀螺仪，还会监控我们是否出现跌倒。一旦发生跌倒意外，Apple Watch 会发出严重摔倒警报，如果 60 秒内我们没有反应，那么它会自动拨打急救电话，并向紧急联系人发送信息，即便手机不在身边，也可以通过内置的网络功能进行呼叫。而相关医疗急救信息也会在电子屏幕上显示，便于急救人员的快速查阅。

将健康管理放在首位，这是 Apple Watch 历史上的头一遭。而这些功能，立刻引燃互联网的爆点，无数网友表示："这才是我需要的智能手表！我还要给父母买一个，对于他们来说 Apple Watch 4 简直就是量身定制！"

苹果一向被誉为"智能产品风向标"，当它将个人健康智能管理作为重点，意味着整个行业都会进入"健康管理"的时代。让可穿戴设备与物联网、大数据相结合，给予数据反映健康状态，提出合理建议，这是智能穿戴产品发展的大势所趋。

二、更完善的个人健康管理系统

受限于可穿戴设备的功能性，尽管如智能手表、手环可以提供一

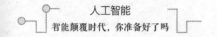

定的健康管理，但它很难做到面面俱到。所以，在可穿戴设备的基础上，还有更多人工智能健康管理产品不断诞生，创建出更加完整、闭环化的健康系统。

2017年9月19日，雀巢公司联合京东，推出了智能音箱"叮咚"，它是中国首款语音识别智能家庭营养健康助手，并有一个很可爱的名字：雀巢小AI，它可以实现定制营养食谱的功能，例如遇到保健、营养搭配方面的问题时，就可以直接通过语音进行咨询。诸如"宝宝昨天有点食欲不振，今天做什么好？""秋天来了，该给老人做什么好呢？"等问题，雀巢小AI都能给予答复。

大数据医疗机构，则进一步打造完善的健康管理系统。例如，深圳的重阳健康数据技术与限责任公司，就在2018年8月发布了旗下"私人医生H1"健康管理设备。

有别于可穿戴设备，"私人医生H1"将相关设备与智能手机相结合，它的功能更加完善，不仅可以随时监测自己的健康指标，还能够随时与医生进行免费问诊，在科技的基础上与医生进行直接交流。这款硬件打造了业界首款智能健康芯片，用户只要用两个手指接触传感器，即可完成心率、血氧、压力指数和疲劳指数等重要的身体指标数据。

甚至，部分健康智能产品，将娱乐因素也纳入产品之中。例如zeep音乐枕头，它可以计算我们的睡眠周期，选择合适的音乐帮助我们提升睡眠质量。研究表明，适当的音乐有助睡眠，zeep通过我们睡眠时的呼吸状态等，通过itunes等音乐播放软件选择适合的音乐，帮助我们有效进入深度睡眠状态。

此外，英国巴斯大学高分子化学院的托比·詹金斯（Toby Jenkins）

教授，将绷带进行智能化升级，它可以对感染做出早期预警，并准确显示伤口的感染情况。绷带内含有多个探测芯片，它会将数据传送至智能手机，并形成直观的数据和文字。这款智能绷带，还可以随时监控手术创面的感染情况，帮助患者、医生及时发现问题，进行相应的治疗调整。

可以看到，各种各样的智能健康管理设备，会快速为我们解答关于健康的两个痛点：

1. 告诉我们自己怎么了

人工智能健康系统会根据我们的身体进行评估，同时结合日常饮食、锻炼习惯、睡眠质量等，告诉我们身体是否健康，哪些地方存在病患和隐患。

2. 告诉我们该如何解决

人工智能结合大数据、云计算和物联网对我们进行数据分析，可以说"比自己还了解我们"，所以它会根据实际情况给出科学专业的健康管理解决方案。如结合我们的口味习惯、身体体质等，智能推荐最有益健康的餐饮搭配和治疗方案。每个人的身体状态都有不同，它所做出的建议也会因人而异。

回归本质，提升健康，这是人工智能对于个人健康的意义。我们将身体交于人工智能，那么人工智能就必须保证健康，这样才能得到认可。当这一天真正到来之时，那么恐怕健身房私人教练、私人营养师等职业，也将会成为历史……

4.8　智能电商：你的需求 AI 早知道

电商平台的出现，直接颠覆了我们传统的购物模式。如今，绝大多数的年轻人购物都会选择通过手机 APP，只需轻松一点即可完成购物，快递很快会将产品送至家门。所以，在实体店面不断萎靡的今天，淘宝、京东却不断攻城略地，创造出了全新的购物模式与理念。

与传统门店不同，电商始终处于动态发展的过程中，会不断引入新科技，不断优化购物体验。也许，我们在商场的购物行为长期不会有任何变化，依然遵循"一层层选购—向服务员咨询—开具票据—收银窗口结款"的流程，但电商平台却会每隔一段时间就呈现出全新的变化，让我们始终充满新鲜。

伴随着人工智能的不断推广，新一轮的电商变革也在如火如荼进行之中，"智能电商"将进一步让我们的购物逻辑产生颠覆。

一、智能电商的发展

说到智能电商，就不得不提及阿里巴巴。它既是中国电商的开拓者，同样也是智能电商发展的领军品牌。相信我们每个人登陆淘宝时，都会收到阿里巴巴各种各样的信息推送，这些推送与垃圾信息不同，它们多数都会紧扣我们的需求，能够吸引我们直接点击。

所以，有用户发出这样的感慨："天啊，阿里巴巴简直比我妈还要了解我！它才是知道我什么时候需要穿秋裤的人！"

阿里巴巴的推荐引擎，正是人工智能的应用，它会通过用户的消费习惯，不断对用户进行画像，然后根据潜在的痛点进行推送。所以，曾经有那么多电商平台，但多数都偃旗息鼓，最重要的原因并不是产品质量比淘宝网差，而是它们缺乏人工智能的应用，不知道用户的需求到底是什么。

结果，用户需要在海量的商品中茫无目的地不断挑选产品。久而久之，原本快捷的网络购物，反而因为产品数量比商场更加庞大，造成用户的"选择困难症"，不仅效率低下，同时身心俱疲。最终，这些平台无一例外都渐渐消失于我们的记忆之中。

电商平台引入人工智能，最大的改变就在于"搜索与推荐"，很大程度上，它决定了平台与客户的黏合度。借助智能化推送，用户网购的体验大为提升，强大的智能化搜索引擎让阿里巴巴在消费者心中的地位盛宠不衰。

京东同样不例外，它也是人工智能的有力推动者。京东同样推出了智能化推荐的机制，并在此基础上，进一步推出了人工智能重磅产品——智能客服机器人 JIMI。

2017 年的京东"618 购物节"，创造出京东的销售记录：开场十分钟就超过了前一年同一天全天销售额，累计下单金额超过 1100 亿元。庞大的用户数量，让京东人工客服已经完全无法应对，所以京东 JIMI 立刻推出于市场。这款客服智能机器人，会快速完成整个语言识别、需求分类、互动沟通、购物疏导等多个复杂环节，所做出的解答精准、高效。

京东 JIMI 智能机器人完成问答需要十几毫秒，解决问题只需两分钟之内，传统人工客服却需要 10 到 15 分钟的工作时间。同时，

JIMI 智能机器人还可以与数百名用户同步沟通，效率提升了数百倍！据京东提供的数据显示，618 当天，JIMI 机器人总计完成百万次客服任务，咨询满意度突破 80%！

所以，从 2017 年"618 购物节"之后，JIMI 已经成为京东的坚实后盾，在降低大量人工成本的同时，消费者的需求可以第一时间被捕捉并解决，用户体验明显提升。

电商平台引入人工智能，不仅会给用户带来便利，对于平台而言也是提升工作效率的最佳手段。正如"天猫双十一"活动，每年它都会打破自己创造的销售记录，多数人都以为：阿里巴巴的员工一定在通宵达旦地工作，每个人都不可能有一分钟的喘息！

但事实上，在沸腾的"双十一"活动时，阿里巴巴内部却是这样的场景：每一名员工该做什么做什么，一切都是有条不紊，没有多少慌乱。阿里巴巴的员工一语道破了天机："这一整天，顾客该看到什么产品，选了什么产品，下一次顾客上来该给他们推荐什么商品，这些过程完全是机器自动完成的。"

二、智能电商的潜力

阿里巴巴与京东，点燃了智能电商发展的导火索。越来越多的电商加入人工智能大军之中，尤其在客户需求、营销模式等领域不断取得战果。

例如，越来越多的电商平台，开始根据人工智能的判断，举办各种价格促销活动。活动的定价不再依靠企业的自身经验，而是通过人工数据的决策。人工智能会根据库存数量、市场反应热度，选择一个最能打动多数群体客户的价格，这样就能够实现"爆品效应"，建立动态定价与清仓定价的模型。

建立起动态定价与清仓定价模型，意味着人工数据可以实时根据市场销售情况，对库存进行整理，并实现自动补货、入仓和下架的工作。这样一来，整个电商平台的体系将会被重塑，从进货开始人工智能就会进行数据分析，何时开展活动、价格折扣在多少、何时恢复原价、何时进行补货……所以，阿里巴巴和京东都已经发布了其无人仓储系统，将这些工作交由人工智能完成。

这种精准智能计算的方式，在生鲜领域已经取得了非常好的成绩。例如生鲜电商"U 掌柜"就是通过人工智能进行销售预测、损耗率从12% 降低到 8%，销售预测与实际结果的匹配度已经达到了 93%。对于生鲜电商而言，产品的保鲜度、物流准点率等直接决定了品牌的未来，谁能够借助人工智能占领高地，谁就能笑到最后。

正是因为人工智能的应用，电商平台的业务不仅局限于"产品销售"，更向金融领域渗透。无论支付宝还是京东，都推出了如花呗、京东白条等金融产品，借助人工智能庞大的数据处理与云计算能力，金融产品的风险控制得到明显提升，相关金融产品可以直接用于平台购物，还可以进行借贷，大大丰富了电商平台的生态体系。

没有人能够预料，人工智能究竟会发展到哪一步，但是通过阿里巴巴和京东可以看到，智能电商的发展已经不可逆转。没有人工智能做支持的电商平台，一定会被时代的浪潮所抛弃！

第五章

国家行动：国家战略下的人工智能

"人工智能，是中国实现科技超车的最佳途径。"纵观全球，中国是当下最活跃的人工智能地区，不仅商业巨头活动频繁，国家行动同样雷厉风行。中国在不断制订各类关于人工智能发展的策略，人工智能社会正在形成之中……

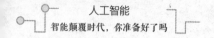
5.1 国家战略，抢占先机

人工智能在中国的蓬勃发展，一方面是因为企业的积极探索与转型，尤其以百度、阿里巴巴等为首的科技公司，在不断创造着人工智能领域的奇迹；另一方面，则是国家大力支持这一新兴产业，支持工业 4.0 的产业升级，并出台了一系列促进人工智能发展的政策法规。

国家行动，在人工智能领域有着突出的体现。正是因为有了国家做背书，所以中国人工智能产业能够走到世界前端，与美国、欧洲、日韩一较高下。

一、国家对于人工智能的支持

对于人工智能，中国不断颁布各类政策，积极引导人工智能产业的发展。通过时间轴即可看到，每一年人工智能的政策扶持都在不断加大：

2015 年 5 月 20 日，国务院印发《中国制造 2025》，其中明确指出：智能制造被定位为中国制造的主攻方向。加快机械、航空、船舶、汽车、轻工、纺织、食品、电子等行业生产设备的智能化改造，提高精准制造、敏捷制造能力。统筹布局和推动智能交通工具、智能工程机械、服务机器人、智能家电、智能照明电器、可穿戴设备等产品研发和产业化；

2015 年 7 月，国务院发布《关于积极推进"互联网"行动的指导意见》，将"互联网人工智能"列为其中 11 项重点行动之一。

2015 年中国工程院确立了重大咨询项目"中国人工智能 2.0 发展战略研究"。

2016 年 4 月，工信部、国家发改委、财政部联合发布《机器人产业发展规划 (2016-2020 年)》，为"十三五"期间，我国机器人产业发展描绘了清晰的蓝图。

2016 年 5 月，国家发改委、科技部、工信部、中央网信办 4 部委联合发布《"互联网"人工智能 3 年行动实施方案》，明确提出：到 2018 年，打造人工智能基础资源与创新平台，人工智能产业体系、创新服务体系、标准化体系基本建立，基础核心技术有所突破，总体技术及产业发展与国际同步，应用以及系统级技术局部领先；并且提出，到 2018 年，"形成千亿级的人工智能市场应用规模"。

2016 年 7 月，徐匡迪、潘云鹤等一批院士提出了"启动中国人工智能重大科技计划的建议"，中央迅速采纳，决定制订新一代人工智能发展规划，实施新一代人工智能重大科技项目。

2017 年 3 月，李克强总理在《政府工作报告》中提到："一方面要加快培育新材料、人工智能、集成电路、生物制药、第五代移动通信等新兴产业，另一方面要应用大数据、云计算、物联网等技术加快改造提升传统产业，把发展智能制造作为主攻方向。"

2017 年 7 月，国务院印发并实施《新一代人工智能发展规划》，人工智能的发展得到进一步明确。

2018 年 1 月，在国家人工智能标准化总体组、专家咨询组成立大会上，国家标准化管理委员会宣布成立国家人工智能标准化总体组、专家咨询组，负责全面统筹规划和协调管理我国人工智能标准化工作，

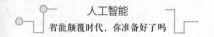

并发布了《人工智能标准化白皮书 (2018 版)》，研究制订了能够适应和引导人工智能产业发展的标准体系，提出近期急需研制的基础和关键标准项目。

……

相关国家战略与政策，依然在不断颁布之中，为中国 AI 产业发展提供了坚强的后盾。

二、国务院的《新一代人工智能发展规划》

在各类有关人工智能的政策中，2017 年 7 月 8 日由国务院印发并实施的《新一代人工智能发展规划》，明确了人工智能的地位，并明确了未来人工智能发展与经济、社会、民生等领域的结合，为中国人工智能的发展提出了战略方向。这其中，众多内容都涉及到人工智能发展的细节，有利于快速建设创新型国家和世界科技强国，具有非常重要的指导意义。

1. 对于战略的定位

人工智能成为国际竞争的新焦点。人工智能是引领未来的战略性技术，世界主要发达国家都把发展人工智能作为提升国家竞争力、维护国家安全的重大战略，加紧出台规划和政策，围绕核心技术、顶尖人才、标准规范等强化部署，力图在新一轮国际科技竞争中掌握主导权。当前，我国国家安全和国际竞争形势更加复杂，必须放眼全球，把人工智能发展放在国家战略层面系统布局、主动谋划，牢牢把握人工智能发展新阶段国际竞争的战略主动，打造竞争新优势、开拓发展新空间，有效保障国家安全。

2.三步走的战略目标

第一步，到 2020 年，人工智能总体技术和应用与世界先进水平同步，人工智能产业成为新的重要经济增长点，人工智能技术应用成为改善民生的新途径，有力支撑进入创新型国家行列和实现全面建成小康社会的奋斗目标。

——新一代人工智能理论和技术取得重要进展。大数据智能、跨媒体智能、群体智能、混合增强智能、自主智能系统等基础理论和核心技术实现重要进展，人工智能模型方法、核心器件、高端设备和基础软件等方面取得标志性成果。

——人工智能产业竞争力进入国际第一方阵。初步建成人工智能技术标准、服务体系和产业生态链，培育若干全球领先的人工智能骨干企业，人工智能核心产业规模超过 1500 亿元，带动相关产业规模超过 1 万亿元。

——人工智能发展环境进一步优化，在重点领域全面展开创新应用，聚集起一批高水平的人才队伍和创新团队，部分领域的人工智能伦理规范和政策法规初步建立。

第二步，到 2025 年人工智能基础理论实现重大突破，部分技术与应用达到世界领先水平，人工智能成为带动我国产业升级和经济转型的主要动力，智能社会建设取得积极进展。

——新一代人工智能理论与技术体系初步建立，具有自主学习能力的人工智能取得突破，在多领域取得引领性研究成果。

——人工智能产业进入全球价值链高端。新一代人工智能在智能制造、智能医疗、智慧城市、智能农业、国防建设等领域得到广泛应用，人工智能核心产业规模超过 4000 亿元，带动相关产业规模超过 5 万

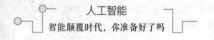

亿元。

——初步建立人工智能法律法规、伦理规范和政策体系，形成人工智能安全评估和管控能力。

第三步，到 2030 年人工智能理论、技术与应用总体达到世界领先水平，成为世界主要人工智能创新中心，智能经济、智能社会取得明显成效，为跻身创新型国家前列和经济强国奠定重要基础。

——形成较为成熟的新一代人工智能理论与技术体系。在类脑智能、自主智能、混合智能和群体智能等领域取得重大突破，在国际人工智能研究领域具有重要影响，占据人工智能科技制高点。

——人工智能产业竞争力达到国际领先水平。人工智能在生产生活、社会治理、国防建设各方面应用的广度深度极大拓展，形成涵盖核心技术、关键系统、支撑平台和智能应用的完备产业链和高端产业群，人工智能核心产业规模超过 1 万亿元，带动相关产业规模超过 10 万亿元。

——形成一批全球领先的人工智能科技创新和人才培养基地，建成更加完善的人工智能法律法规、伦理规范和政策体系。

3.六大重点任务

（1）构建开放协同的人工智能科技创新体系，从前沿基础理论、关键共性技术、创新平台、高端人才队伍等方面强化部署。

（2）培育高端高效的智能经济，发展人工智能新兴产业，推进产业智能化升级，打造人工智能创新高地。

（3）建设安全便捷的智能社会，发展高效智能服务，提高社会治理智能化水平，利用人工智能提升公共安全保障能力，促进社会交往的共享互信。

（4）加强人工智能领域军民融合，促进人工智能技术军民双向转化、军民创新资源共建共享。

（5）构建安全高效的智能化基础设施体系，加强网络、大数据、高效能计算等基础设施的建设升级。

（6）前瞻布局重大科技项目，针对新一代人工智能特有的重大基础理论和共性关键技术瓶颈，加强整体统筹，形成以新一代人工智能重大科技项目为核心、统筹当前和未来研发任务布局的人工智能项目群。

可以看到，《新一代人工智能发展规划》，从高度入手对人工智能发展奠定了积极的政策环境，同时立足当下、展望未来，做出了明确性的发展规划，并对重点领域提出了明确的要求，为中国人工智能的发展指明了方向。想要进军人工智能产业，就必须将规划吃透，在政策的支持与引导下，不断创造人工智能的辉煌！

5.2　巨头企业积极布局，大力发展

有了国家战略做后盾，商业市场的人工智能创新自然进入蓬勃发展阶段。尤其以百度、腾讯、阿里巴巴为首的巨头企业，开始快速进行人工智能产业布局；同时，人工智能实力强劲的科大讯飞、华为、大疆、京东等，也开始加紧步伐，在人工智能领域分得一杯羹。

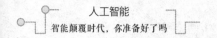
━ 一、阿里巴巴的人工智能布局

阿里巴巴的人工智能分为两类，第一类是商业市场的布局，主要侧重于电商与商家的结合，同时给相关人工智能企业提供技术支持。例如淘宝网人工智能系统，就是人工智能的直接应用；同时阿里巴巴还针对具有潜力的人工智能中小企业进行投资，并将相关应用直接在阿里巴巴旗下的各个平台进行应用，如淘宝网、天猫、支付宝等。

第二类布局，则是人工智能底层技术。阿里巴巴在杭州、北京、美国西雅图、硅谷等地，开设数据科学与技术研究院，简称 iDST，吸引全球人工智能人才加入阿里巴巴，针对人工智能底层技术进行研发。

此外，2017 年 3 月，阿里宣布推出 "NASA" 计划，面向机器学习、芯片、生物识别这些核心技术组建新团队，建立新的机制和方法。可见，阿里巴巴对于人工智能的布局，已经不限于当下的实际应用，而是直接将目光投向遥远的未来，在 BAT 三巨头之中，它无疑是最具前瞻性的。

正是凭借着这样的体系，目前阿里巴巴成为世界级人工智能企业，所推出的阿里云是中国排名第一的云计算平台，服务覆盖全球 200 多个国家和地区，包含在线推广、线下零售、金融、医疗、物流、城市管理等各个领域，人工智能帝国版图已经初见轮廓。

━ 二、百度的人工智能布局

百度是最早开始进行人工智能布局的中国企业，早在 2013 年 1 月就已成立深度学习研究院，并由李彦宏亲自出任院长，副院长余凯任更是中国 "千人计划" 国家特聘专家。次年，百度在美国加州建立了人工智能实验室，与全世界最尖端的人才开始进行深度合作。

与阿里巴巴相比，百度的人工智能布局更侧重于平台的建设。通过搭建人工智能平台，与其他企业进行深度合作，百度人工智能作为核心进行智能控制。例如百度DuerOS正是把语音作为入口，以此打造未来智能家居和万物互联体系，任何厂商都可以借助百度人工智能芯片进行智能升级。

所以，百度在人工智能领域的布局，主要方向是做"背后的技术支持"。尽管百度也推出了自己的人工智能机器人，但它的布局依然是"做其他企业的智能支持"。

很少有人知道：百度已有2000多项人工智能方面专利，这代表了百度在人工智能领域的地位。2016年的全球50大创新公司中，百度排名世界第二，凭借强大的人工智能技术，成为人工智能的世界领导者。尤其智能语音领域，百度拥有的专利数量超过400个，比日本整个国家的专利总和还要多。

对于直接消费市场，百度在人工智能领域的布局，重点放在了无人汽车领域。百度是中国最早实现无人车真实测试的企业，先后创造"智能云"、"百度大脑"等。在无人汽车领域，截至2016年7月，百度已有439项技术专利，可以说已经奠定了这一领域"第一集团军"的地位。

三、腾讯的人工智能布局

相比较阿里巴巴，腾讯的人工智能布局，主要侧重于实际应用，起步也较晚，在2016年才开始正式布局。不过凭借强大的资本注入，腾讯人工智能布局发展迅速，目前拥有3个人工智能部门，90%以上

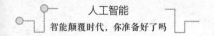

的人都是博士学历以上，来自哈佛、麻省理工、哥伦比亚大学等高校，并在美国西雅图开设人工智能实验室。

腾讯人工智能的布局，主要侧重于专注机器学习、自然语言处理、语音识别和计算机视觉四个方向的基础研究，并且紧紧围绕自身优势"内容、社交与游戏"展开，产品快速推出到市场。例如腾讯小冰即是腾讯推出的智能虚拟机器人，取得了一系列让人侧目的成绩。

腾讯在人工智能领域的核心产品，则是"腾讯云小微"，它是腾讯云倾力打造的一个智能服务开放平台，可以让硬件快速具备语音和视觉感知能力。同时，这个平台还能够提供智能解决方案，给予硬件更多能力拓展，给其他人工智能厂商带来了合作的机会。

相对百度与阿里巴巴的超前计划，腾讯人工智能布局多数以自身业务为驱动，实际目的较强，会很快取得市场反馈，但同时也限制了技术与产品出现爆炸性的创新和突破。所以在人工智能领域，腾讯显然位于 BAT 三巨头的最后。

四、京东的人工智能布局

作为纯粹的"电商平台"，京东人工智能布局，更加侧重于平台优化和线下落地，实用目的较强。对于人工智能，京东主要侧重于自然语言识别、图像识别到智慧物流、智慧供应链、金融科技几个方面，无一例外围绕京东自身业务展开。

线下无人店，同样是京东人工智能布局的重点。2018 年 1 月 4 日，京东亦庄 7FRESH 生鲜超市正式开业，这家店完全采用人工智能进行服务，所有出入口均设有客流分析摄像头，进店后客户的行走轨迹、货架停留时间都会如实记录并进行分析。同时，店内还配备了智能跟随机器人、人脸支付等系统，"黑科技"特点明显。

与其他电商平台、线下商超主打差异化发展，这是京东人工智能的布局思路。尽管相对于 BAT，京东在资金储备、人才储备上具有较大差距，但精准化的发展策略，让京东极有可能在电商、商超领域创造出全新的人工智能商业模式。

五、科大讯飞的人工智能布局

作为方案提供与解决企业，科大讯飞的名字也许不被消费市场熟知，但它却是人工智能领域的"大佬级"企业，尤其在智能语音识别领域堪称领军品牌，与腾讯、华为、联想、中国移动、联通都有着深度合作。

所以，尽管与其他巨头相比，科大讯飞较为低调，但同样在人工智能领域快速布局，并不再局限于智能语音方面。

首先，科大讯飞提出人工智能生态计划，在全国包括北京、上海、深圳、重庆等重点城市建立人工智能众创空间，为那些具有潜力的初创企业提供孵化环境。科大讯飞启动了 10.24 亿元的生态扶植基金，为人工智能创业团队提供了包括技术、资金、运营等方面的支持，这样就可以将产业拓展至更多领域，同时还能及时发现潜力企业，以入股、收购等诸多方式将优势项目转换为自己所有，提升在 AI 行业的影响力。

其次，则是推出"讯飞超脑计划"。这个计划，就是实现感知智能与认知智能的突破，包括语音识别、手写识别等。最重要的，则是提升机器的人工智能能力，实现人机之间真正的对话，智能设备可以突破语言理解、知识表示、联想推理，成为真正的智能。

这一计划，是科大讯飞未来的发展重点，一旦成功将会对人工智能行业带来巨大影响。目前，"讯飞超脑"已经取得了实质进展，科大讯飞口语翻译技术已达到英语六级水平，在国际机器翻译评测大赛中夺得冠军，口语作文评测机器已可替代老师进行自动评测，在广东高考英语口语作文考试中得以全面应用。未来，这项技术还将推广到所有文理科的课程之中。

六、华为的人工智能布局

作为通信领域的巨头，华为同样积极布局人工智能。华为不仅生产手机，还生产大量计算机领域的挤出产品，所以华为的人工智能方向，主要锁定在"芯片＋云端"之上。例如，2017 年 9 月，发布全球首款人工智能芯片麒麟 970，标志着华为在智能芯片领域走出了关键一步。

华为并不是典型的互联网企业，同样具备传统企业的特点：自建厂房、自行生产，同时任正非的性格较为稳重低调，所以华为不会在智能人工领域太过铺张，将所有精力都放在芯片与云处理之上，这是华为未来与 intel、高通、AMD 等厂商竞争的关键。所以，也许华为的人工智能布局并不全面，但最有可能在芯片领域创造真正属于我们的"中国奇迹"！

5.3 智能经济模式加速形成

国家战略规划、巨头积极布局，加之高效人工智能课程的不断完善，人工智能产业的发展可谓"天时地利人和"，自然形成了全新的经济模式，引领中国 4.0 工业的快速发展。

2015 年，党的十八届五中全会上，提出了必须牢固树立"创新、协调、绿色、开放、共享"的发展理念，为中国的未来发展奠定了基调。这一理念，同样在人工智能领域得到有效贯彻，经济新模式正在加速形成。

2016 年 5 月，国家发展改革委员会颁布了《"互联网 +"人工智能三年行动实施方案》，其中同样明确：贯彻落实创新、协调、绿色、开放、共享发展理念，以提升国家经济社会智能化水平为主线，着力突破若干人工智能关键核心技术，增强智能硬件供给能力。着力加强产业链协同和产业生态培育，提升公共创新平台服务能力。着力加强人工智能应用创新，引导产业集聚发展，促进人工智能在国民经济社会重点领域的推广。

那么，中国的人工智能产业，是如何贯彻这五个关键点的？

一、创新模式下的人工智能

创新，这是国家对于人工智能给予的最重要期望。唯有创新，才能改变中国传统的经济模式架构，从粗放经营升级为智能化管理经营

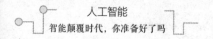
模式。

所以可以看到，具有创新特点的人工智能，是当下政策最为支持的产业。例如智能汽车研发与产业化工程、智能无人系统应用工程、智能安防推广工程等，它们既是当下人工智能领域最受关注的方向，同时也是中国过去较为薄弱的环节。

尤其以汽车工业来说，中国汽车产业发展较晚，与西方发达国家的品牌存在明显距离，想要缩短距离并不是一件容易的事。而人工智能汽车产业化的出现，彻底颠覆了传统汽车行业的发展模式，在这一领域大力创新，是中国汽车产业实现"弯道超车"的最佳时机。

正因为此，国家针对智能汽车产业领域，提出了一系列的创新激励与扶持。2018年1月5日，国家发改委发布《智能汽车创新发展战略（征求意见稿）》，首次提出将智能汽车产业的发展上升为国家战略。发改委还将完善扶持政策，包括积极引导社会资本、金融资本，加大对国家智能汽车创新发展平台等公共平台的支持力度，推动智能汽车产业的快速发展。

除此之外，教育、交通、金融、健康等领域，也是人工智能进行创新式发展的重点行业。在这些领域进行智能化经济模式的发展，更容易得到相关政策的支持，如技术支持、人才支持、资金支持等。

二、协调模式下的人工智能

协调，同样是人工智能产业发展的重要一步。

人工智能不同于过去的模式，它需要一套完善的产业架构，技术层面涉及大数据、云计算、识别技术等，产品层面则涉及到相关APP、供应商布局等一系列内容。如果说O2O、网红经济等，只是一种具体的商业模式与手段，那么人工智能产业，则是未来整个经济的基础框架——前者只解决具体某个问题，后者却会重塑整个商业架构的体系。

所以，发展人工智能产业，就必须从整体入手，实现协调发展，而不是顾此失彼。例如，当一家玩具厂商想要进行人工智能升级，那么身后就需要有各类人工智能企业做后盾，底层技术、测试技术、智能语音系统……否则，企业升级依然只是一句空话，并没有落地的可能性。

所以可以看到，得益于"国家行动"的支持，人工智能产业园在全国不断增加，产业发展共同推进。

以广州南沙人工智能产业高级研究院为例，当地政府除了提供政策、资金红利，还会根据人工智能产业的发展特点，不断引入各类初创企业、中小企业进驻。科大讯飞与南沙签署战略合作协议，杭州同盾科技有限公司、义语智能科技有限公司、北京异构智能科技有限公司等众多人工智能领域的专业公司也开始不断入驻；同时，广州作为大学高校聚集区，还有众多人工智能应届生组建工作室、初创公司等，一同加入产业园之中，形成人工智能产业聚合效应。

这样的人工智能产业园，在北京、上海、广州、成都、杭州等重点城市已经初具规模，形成产业聚集，企业之间的合作更加快捷，能够有效实现协同发展的目的。也许在这些产业园中，就会诞生下一个人工智能领域的"硅谷"！

三、绿色模式下的人工智能

绿色、安全、低碳，这同样是人工智能发展的重要方向。

传统工业对于环境的破坏，中国最深有体会。无论河流、大气、土壤，中国都面临着严峻的环境问题，近年来不断出现的各类生态被破坏的新闻，已经让所有人意识到：未来的产业发展必须走一条绿色健康之路。人工智能同样不可例外，甚至，它还要借助深度学习，承担起改善环境的职责。

近年来，各地不断推行的智慧城市建设，背后就有人工智能的身影。例如，人工智能可以有效进行垃圾分类，同时还可以实时监督汽车尾气，降低二氧化碳排放。

更重要的是，人工智能植入智慧城市交通系统，将会大大优化民众出行方式，选择最合理、最快捷的交通工具出行，有效降低污染排放量。各类证件办理、手续办理等，都会通过人工智能在电子信息平台一键完成，有效降低无意义出行、避免纸张浪费等。

可以预见，随着人工智能技术的不断升级，在促进传统企业向绿色环保方向转型的同时，它还会发挥更多环境保护、环境监督的职责，用人工智能创造出真正具有长远未来价值的经济模式。

四、共享模式下的人工智能

人工智能的核心，就在于"数据"。当我们使用支付宝、京东等APP进行金融活动时，为什么可以实现"手机轻松操作，五分钟完成借贷"的梦想？正是因为人工数据打通了我们个人身份、征信、收入信息、银行信息等诸多数据，"数据共享"让这一切成为可能。

所以，共享数据是人工智能发展的重点。"无共享，不智能"，这个观点已经得到了行业的一致认同。正如北京市海淀区政务服务中心已经实现了供水、供电、燃气、热力、排水、通信六大市政公用服务企业的"一站式服务"，用户只需在一个窗口即可完成所有业务的报装，不必反复奔波，大大提升效率，这就是人工智能"数据共享"带来的便利。

行政部门已经借助人工智能数据共享，积极转变工作模式，可见它的市场应用需求非常强烈。未来，数据共享将会进一步得到完善，届时金融活动、护照办理、公司注册等，我们无需进行漫长的等待，只需轻松完成身份识别，即可实现"立等可取"！

━ 五、开放模式下的共享智能

人工智能的诞生与发展，并非由一个企业推动，它是全球科学家、科研机构、企业共同实现的。所以，人工智能天生就具备"开放"的特点。开放化的人工智能，才有助于产业不断完善，各种"黑科技"不断涌现，并不断对经济模式进行优化。

所以，《"互联网+"人工智能三年行动实施方案》中就明确提出：建设面向社会开放的文献、语音、图像、视频、地图及行业应用数据等多类型人工智能海量训练资源库和标准测试数据集。建设新型计算集群共享平台，降低人工智能创新成本。

开放，这是国家对于人工智能产业发展提出的要求。在保护知识产权的前提下，进行开放合作，这样才能有助于中国 AI 产业的进一步崛起。

正因为此，我们看到：2017 年 3 月，华为与微软宣布在商用服务器市场达成深度合作，在人工智能领域进行更多的探索。这两家企业都在人工智能领域不断布局，但依然选择彼此开放合作。

"人工智能领域没有竞争，只有合作"，开放化的人工智能，必

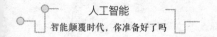

然会不断给我们带来惊喜，并直接应用于消费市场之中，促进经济模式的升级。也许未来的某一天，全世界所有企业都会消失，取而代之的是"人工智能全球集团"！

5.4 智能社会逐步成型，精准治理时代开启

国家层面大力支持人工智能产业，这给了人工智能发展"最好的土壤"，各个领域的人工智能种子正在不断成长，形成精准治理的特点。尤其在公共行政领域，智能化发展已经初具规模。

一、医疗领域的人工智能推进

公共医疗领域，人工智能在辅助治疗方面已经开始被广泛应用。2016年，超过1000例癌症病例的诊断中，人工智能已经在99%的病例中，提供了与肿瘤专家相同的解决方案，无论前期诊断到后期治疗方案，都已经具备足够专业的水准。人工智能引入医疗领域，大大缓解了中国医生数量不足、基层医疗水平有限的问题。

未来，人工智能将会向基层医疗进一步渗透，尤其对于社区医院、乡镇卫生所等将会进行重点普及。

人工智能接入公共医疗，一方面是为了提升医疗效率，另一方面也是为了实现医疗资源公平，借助科技手段，帮助基层医生提高诊断准确率与治疗精准率。所以，在2018年4月，国务院,办公厅印发的《关于促进"互联网 医疗健康"发展的意见》中，就明确鼓励"互

联网"医疗服务和人工智能等技术应用。

公共医疗领域的人工智能应用，科大讯飞目前居于领先地位。科大讯飞的人工智能机器人智医助理通过了国家医师资格考试，所参与建设的安徽省立智慧医院已经投入运行。政策支持＋企业积极配合，医疗领域的人工智能发展正在稳步推进。

不仅对于诊疗，医疗其他方面，人工智能同样可以起到积极的作用。例如在医药领域，人工智能在前期会通过数据进行建模，判断药物的效果，还能通过后期临床结果，找到药品改进的方向；医保方面，还可以通过公众的医保消费，确定最合理的医保体系，进行合理收费；档案方面，人工智能会自动进行病历筛选、归类、调取，不再依赖繁琐且漫长的人工操作。

━ 二、教育领域的人工智能推进

教育领域的人工智能应用，在商业领域已经较为成熟，出现了一系列迅速崛起的品牌。这一趋势在公众教育领域同样开始不断渗透，大大改善了中国教育的环境。

2018年3月，北京大学附属小学就将人工智能引入到科学素质教育的课程之中，小学生通过智能化的程序模块学习遗传算法、神经网络等知识。这些抽象化的内容，通过人工智能进行游戏化、图像化的变革，可以让小学生们轻松理解，受到了孩子们的一致欢迎。

最关键的一点，就是人工智能对于"个性教育"的塑造。人工智能会捕捉每一名学生的特点，包括年纪、智商、过往成绩、学习习惯、学科潜力等，为学生制定精准的学习方案，并通过智能方式督促他们进行学习提升。"自适应学习"，已经逐渐成为现实。

人工智能引入教育领域，还可以实现学生作业的自动批改，通过OCR技术，会大大提升批阅效率；同时，在线微课程也可以丰富学生的课余学习。人工智能会捕捉学生在学习时的动态，并通过考核测试，精准发现学生在哪些知识点耗费时间较长、哪些内容为主要出错点，有效帮助老师发现孩子存在的问题。老师与人工智能形成良好的配合，"传道""授业"的功能部分可以由人工智能来替代，"解惑"等更具创造性、更具有人性的工作，则可以由老师进行更加深入的辅导和教学。

未来的人工智能，甚至还会捕捉人体行为，通过课堂上学生们的头、颈、肩、肘、手、臀、膝、脚等动作，识别学生上课举手、站立、侧身、趴桌、端正等多种课堂行为，并基于此对学生的学习专注度和课堂活跃度进行分析，帮助老师发现课程存在的问题，提升课堂关键活跃环节，有助于更加细致的教学评估和教学管理工作。

━ 三、养老领域的人工智能推进

2017年，国务院印发的《新一代人工智能发展规划》中，明确到：建设智能养老社区和机构，构建安全便捷的智能化养老基础设施体系。开发面向老年人的移动社交和服务平台、情感陪护助手，提升老年人生活质量。这一规划，让养老领域同样进入人工智能的浪潮。

养老领域的一个重要内容，就是智能养老院的建设。让人工智能机器人服务老人，会有效提升养老院的品质，给老人带来关怀。例如，杭州市社会福利院就引进了"阿铁"智能机器人，这批机器人具有智能看护、语音聊天、远程诊疗等功能，可以不分白天夜晚，定时巡视房间，确认老人生活状况。

同时，通过"阿铁"智能手环，智能机器人还会实时监测老人的心率、脉搏等生命体征，并将数据同步传送给医生和家属。它还会通过"眼睛"里 500 万像素的摄像头和"肚子"上的屏幕，让老人与家人轻松实现视频通话的需求。

而由宁波智能机器人研究院研发的"白泽"智能机器人，除了可以实现"阿铁"智能机器人的功能，还更加人性化：可以抱起老人、搀扶老人，这样一来，即便"空巢老人"也可以更好地照顾自己的生活。

同时，白泽智能机器人的脚下还配有自动伸缩踏板，还能弹出适合人体坐的自动伸缩座位，有效解决老人的"如厕难问题"。甚至，白泽智能机器人具备非常完善的语音识别系统和位置感知系统，即便身处机器人身后，它也能通过语音快速判断老人的位置，并将语音进行识别为老人提供服务。

这样的智能机器人，已经在中国很多养老院和家庭开始推广，它标志着未来中国养老院发展的大趋势：智能化看护、智能化管理、智能化服务。人工智能不仅可以解决老人的物质需求，还能进行娱乐满足精神慰藉，更好地服务老龄化社会。

四、政务服务领域的人工智能推进

政务服务，同样进入人工智能时代。

很多人也许都会发现：如今办理执照、各类手续等，行政服务程序已经简化许多，很多时候不必在各个部门之间来回奔波，只需一张身份证，即可在一个窗口完成办理。这正是人工智能带来的变革：个人信息都已经通过大数据统计完成，各个部门之间只需将数据共享，即可完成信息筛选、确认与核准的工作。

　　"最多跑一次"，这是越来越多政务部门打出的口号。这当然不是愿景，而是正在发生的改革，"人工智能＋政务服务"，直接促进了管理型政府向服务型政府的转型。

　　此外，智能客服机器人的引入，进一步提升政府部门对于民众的服务质量，尤其在水电、燃气、暖气等民生领域，发挥出了更加积极的作用。相比较传统人工客服排队长、周末不受理业务等，人工智能智能客服机器人可以辅助完成 80% 以上的重复性咨询工作，并提供 7×24 小时提供全天候一对多精准咨询服务，不受疲劳度、情绪、环境的影响，无论咨询、保修等都能够不再受限制。

　　作为最早尝试"人工智能＋政务服务"的地区，徐汇行政服务中心做过数据统计：引入人工智能系统后，通过网上办理，现场等候时间减少三分之一，现场办事人次减少 30%，网上服务量增长了 10 倍。未来，随着人工智能大数据库的接入端口进一步增加，效率还会进一步得到提升。"人跑腿"将会彻底结束，取而代之的，是"数据跑路"的新时代正式到来！

第六章

战略突围：且看各国及国际组织如何发展 AI

商业市场的人工智能发展日新月异，而在这个潮流的背后，则是各个国家的战略政策积极推进。美国、中国组成了世界人工智能发展的第一阵营，无论政策、经济支持等，都引领全球；与此同时，欧洲多国、日本、韩国同样在积极布局，人工智能世界地图正在形成全新的格局。

6.1 联合国：积极关注并推动 AI 发展

人工智能呈现出全球井喷的发展态势，作为世界性、综合性的政府间国际组织，联合国自然会发布一系列战略文件，支持这一未来有可能彻底颠覆人类发展模式的新型产业。尽管联合国的相关文件对各国并不具备直接约束力，但它的呼吁会传达出世界主流观点，有助于 AI 产业形成全球化、合作化、共享化、开放化的架构。

尤其对于不发达地区的人工智能化发展与推进，联合国更是不遗余力地努力，尽可能推进这一产业在全世界各个角落生根发芽。例如，2018 年，联合国宽带数字发展委员会在 9 月发布的 2018 年版《宽带状况报告》中，呼吁制定国家战略以推进安全使用人工智能。

人工智能的发展，离不开互联网。在这份《宽带状况报告》中，联合国表示：虽然全球已有约一半人口使用互联网，但使用者主要集中在城市和人口密集地区。如果全球上网人口要在现有基础上再增加 15 亿人，为此部署新技术、建设或升级基础设施的花费将达 4500 亿美元。

因此，联合国鼓励经济条件较好、宽带使用发达的国家和地区积极展开国际间的合作，为条件有限的地区提供技术、资金、人才的支持。这一号召，得到了中国的积极响应，如一带一路倡议中，中国将先进的移动互联网技术不断向沿途各国输送，越来越多的国家都在感受着由中国创造的移动支付等人工智能"福利"。

尽管联合国并不会直接干涉成员国国家内部的发展，但它依然如一个"大家长"一般，在不同的场合不断发出"发展人工智能产业的"倡议，积极推动人工智能产业的发展。

例如，2016 年 5 月的"世界电信与信息社会日"主题会议上，联合国秘书长古特雷斯发来视频致辞，感谢国际电联为缩小全球数字鸿沟和实现互联互通所做的努力，并呼吁大家关注人工智能在加速实现可持续发展目标上的巨大潜力。

在积极参与各类人工智能产业会议的同时，联合国还会定期举办 AI 峰会，邀请各国专家积极参与，在分享 AI 发展亮点的同时，也会对各个国家提出相关建议，并引导专家、研究机构与不同的国家建立合作平台。

2017 年 6 月，联合国国际电信联盟（ITU）等联合国机构和 XPRIZE 基金会共同组织了"人工智能造福人类峰会"这是以联合国名义举办的首次人工智能峰会。这场峰会，邀请到了人工智能领域的半壁江山：谷歌研究主管、伯克利加州大学人工智能实验室主管、斯坦福大学人工智能实验室主管、瑞士意大利语区高等专业学院人工智能研究所联合主管等人。

不同国家、不同行业、不同机构、不同研究社区……凭借着强大的影响力，联合国让人工智能领域的达人齐聚一堂，共同研讨人工智能的发展。这场峰会不仅让人工智能的定义进一步完善，同时也让人工智能的未来发展有了一个清晰的框架，不仅涵盖商业应用，还包括安全性能、人机结合等一系列深层次问题。

与此同时，在各类峰会上，联合国还会对人工智能领域的重点企业、重要进步进行专项推广与展示，让世界各国看到人工智能的发展，

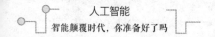
并积极引入本国的人工智能建设之中。这其中，中国智能产业同样作为重点项目，向世界进行展示与阐述。

例如，2017年6月的"人工智能造福人类"峰会上，今日头条就作为中国AI产业代表，通过联合国会议，向世界展示来自中国的风采。作为唯一与会的中国企业，今日头条与Google、Microsoft及Facebook等人工智能巨头同场，为这场全球峰会提供了中国视角。

这次峰会上，今日头条不仅展示了自身独特的人工智能计算法则，今日头条顾问、技术战略研究院院长张宏江还进行了精彩的演讲，并呼吁发展中国家同样积极进行人工智能转型。2017年12月，今日头条成为联合国EQUALS项目的全球战略合作伙伴，为女性参与到人工智能发展的浪潮中贡献出自己的力量。

对于人工智能的关注，联合国不仅将注意力放在了商业价值之上，更把它作为推动可持续发展、消除贫困和饥饿与保护环境的巨大助力。

在联合国主办的各类会议中，人工智能的身影也在不断增加，联合国渴望通过对人工智能的直接使用，让所有国家看到人工智能的魅力与潜力。

2018年3月21日，联合国可持续发展目标（亚洲和太平洋地区）创新大会在尼泊尔加德满都召开，这次会议，最吸引人的地方就在于：智能人形机器人索菲亚将会亲自到场。这一消息传来，立刻成为全球媒体关注的焦点。

现场，索菲亚不仅能够与主持人开玩笑，还可以回答各种各样的专业问题。例如，当被问及"人工智能如何帮助尼泊尔提供更好的公共服务时"，索菲亚回答道："机会是无止境的，人工智能可以帮助改善教育，发展医疗，将尼泊尔的偏远地区与城市中心相连，并且帮助尼泊尔实现可持续发展的目标。"

如果不是亲眼所见，所有人都会以为：这是真实人类做出的回答。这样的智能化，已经超出了很多人对于"机器人"的想象。

通过这样的展示，各个与会国家，尤其是发展中国家将会对人工智能进行更加直观的了解，有助于他们积极推进人工智能事业。

当然，由于联合国的特殊属性，它并不会只关注人工智能的积极一面，同时也会对人工智能的"阴暗面"进行思考，并引导世界正确应用 AI。例如，2017 年 11 月，在日内瓦举办的联合国特定常规武器公约会议上，就公布了这样一段视频：一群形似"杀人蜂"的小型智能机器人，忽然冲进课堂通过人脸定位，对学生进行攻击。联合国此举的目的就在于：向世界各国做出安全提示，一旦 AI 研发不加以控制，它们很容易成为"最称职的杀手"，落入坏人手中后果将不堪设想！

6.2　美国：大力支持 AI，创新型政府和企业并举

作为世界目前综合实力第一的美国，AI 在美国的发展可谓引领全球。无论从政府层面到企业层面，资金、人才、科研技术都遥遥领先其他国家。谷歌、苹果、微软、IBM……这些都是 AI 领域的巨鳄，不断颠覆着 AI 产业的传统。

一、美国政府的大力支持

2018 年 9 月，美国国防部高级研究项目局宣布，投资 20 亿美元

开发下一代人工智能技术。美国国防部表示：原本预计20年的发展成果，随着新资金的注入，将会在5年之内全部实现。

这则新闻，震动了整个世界。美国政府的这一行动，意味着人工智能产业的发展将会进一步加速。如果说过去人工智能的发展是传统火车，那么现在的人工智能则进入了"高铁时代"，发展必将日新月异。

从这则新闻中，即可看到美国政府对于人工智能推进的不遗余力。

事实上，美国正是人工智能的诞生地。1956年，人工智能（AI）一词诞生于美国汉诺斯小镇的达特茅斯会议上。从这以后，几乎所有的AI大事记，都在这个国家发生：

1959年，IBM专家创造机器学习。

1966年，MIT教授展开首次人机对话。

1997年国际象棋传奇卡斯帕罗夫输给IBM的"深蓝"。

2012年斯坦福大学的吴恩达和谷歌人工智能部门负责人杰夫·迪恩训练神经网络识别出了猫……

可以说，人工智能的很多重要时刻，都由美国创造。所以，人工智能在美国的发展自然风生水起。

有媒体曾做过统计，2015年以来，美国政府对于人工智能的研发投资在不断增速之中，增长达到了40%以上。同时，对于人工智能人才的培养，美国也在不但增速，无论基础学科建设、专利及论文发表、高端研发人才、创业投资还是领军企业等关键环节上，美国都居于世界领先地位。正是这样的国家支持，让美国的人工智能产业始终引领全球。

不仅在商业应用领域，军事同样是美国政府发展人工智能的重点领域。2018 年 6 月，五角大楼成立"联合人工智能中心"，它的首要职责，就是确保国防部对人工智能相关数据信息的高效利用。人工智能已经成为美国的国家发展战略，开始筹划建设智能化军事体系。

为确保在人工智能时代的"领头羊"地位，强化政策支持、推动国会立法、加大研发教育投入、建设智能化军事体系……美国政府通过一系列强而有力的政策，为人工智能提供强大的政策支持与保障。

例如，在立法层面，美国国会两院正在讨论多部关于人工智能的法案，并进入实质应用阶段。如《人工智能未来法案》《人工智能就业法案》《人工智能报告法案》《国家安全委员会人工智能法案》等。尽管当下这些法案的实际应用价值并不足，但可以看到美国已经在对未来进行着明确的规划，在为人工智能时代的正式到来做准备。

一系列法案中，《人工智能未来法案》已经于 2017 年年底正式经国会通过，成为美国有关人工智能的第一部联邦法律。这部法律，重点涉及人工智能对经济发展、劳动就业、隐私保护等方面的影响。更重要的是：这部法律为将来的行业立法奠定了基础，更多细分法案将会基于此，不断进行细化、完善，最终形成庞大的人工智能法案体系。

相比较其他国家的人工智能立法尚在讨论阶段，美国用实际行动，表明了对于人工智能的支持。

二、人工智能企业的风起云涌

政府从政策层面支持人工智能的发展，科技企业则从应用角度，不断扩大人工智能的边界，这是美国人工智能发展的重要特点。

美国的企业中，谷歌是绝对绕不过去的人工智能巨头。无人驾驶汽车、安卓系统、Alpha Go……几乎所有让人"震惊"的人工智能新

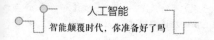

闻中，谷歌从来都不会缺席。

可以说，谷歌就是一家"AI驱动"的公司，从赖以起家的搜索开始，谷歌就不断植入智能系统，如智能分析用户的搜索习惯、精准推送用户想要看到的内容，人工智能的基因已经烙印于谷歌的DNA之中，所以当后来出现无人汽车、Alpha Go等智能产品时，我们理所应当地接受：这是谷歌出品。

在谷歌各类人工智能产品中，Google Assistant代表了谷歌的人工智能技术精华与未来走向——他就是谷歌的"AI大脑"，能够出现在无边际的各种终端上，甚至直接植入人体之内，成为科幻电影中最神秘的"智能芯片"。

除了谷歌之外，苹果、IBM、特斯拉等，同样是人工智能发展的重要推动企业。

近年来，苹果公司不断加大人工智能领域的投资，尤其对于创新科技企业青睐有加。VocalIQ、VocallQ、Turi和RealFace……这些公司涉及到智能识别、语音技术、面部捕捉技术等，通过对它们的投资，苹果开始拓展自己的人工智能版图。苹果高管Heff Williams明确说明："人工智能将会成为苹果产品的重要基石，我们正处于时代的拐点，人工智能和硬件计算将真正的改变世界。"

作为老牌知名IT企业，IBM的人工智能布局，则侧重于商用领域。IBM Watson已经在电子、能源、教育、汽车、医疗等行业进入实际应用阶段，凭借着IBM庞大的数据能力，成为老师、医生的重要助手。Watson并非是IBM一个单独的人工智能工具，它是IBM人工智能的整体平台，赋予其相应领域的知识，它就会自动进入深度学习状态。

所以，IBM Watson就像一个可以被无限复制的"克隆人"，在任何领域都会成为超越人类的专家。扩展专业知识范畴、开发新的潜能，满足专业性强的垂直行业需求，这是 IBM 对于 Watson 在人工智能领域的定位。这一平台，目前在很多领域都处于近乎垄断的地位。所以，IBM 也被称为"AI 行业隐形的巨人"，它并不直接面对消费市场，却对背后的人工智能体系起到了至关重要的作用。

IBM 曾表示，Watson 系统的目的不是代替人类，而是成为特种行业的助手，让专业人士从非常复杂、海量的繁重工作中抽离出来，用更多的精力专注人类更擅长的事情。例如，美国一家创业公司就借助 Watson 进行法律事务，通过深度学习，Watson 会阅读几百万段自然语言的法律法规、法条、相关的法律文献，几秒钟之后给到律师一套非常有针对性的答案，大大提升了律师的办公效率。

凭借着强大的国家支持与众多科技公司，未来美国在人工智能领域依然具有举足轻重的地位，它不仅是人工智能发展的风向标，更是全球其他国家赶超的对象！

6.3　中国：人工智能成为国家发展战略

美国在人工智能领域的地位毋庸置疑，但与此同时，中国也在不断通过各种层面进军人工智能，成为人工智能领域不可忽视的主力军。甚至，在部分领域，中国已经超越美国。

例如，清华大学中国科技政策研究中心发布数据显示：2005 年之后，关于学术论文产出量，中国已经超越美国，成为世界第一，如下图所示。当然，通过论文引用次数与论文期刊级别，中国与美国依然存在一定差距。①

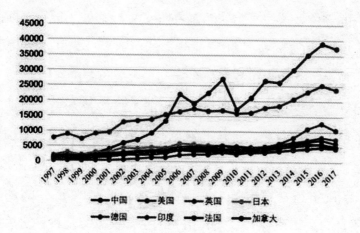

同时，在计算机视觉领域的全球地域分布中，中国地区的研究机构、企业排名第一，占比高达 37%，美国排名第二，占比 28%，中国在人工智能识别领域，已经取得了领先地位。

由此可见，尽管中国 AI 产业起步相比美国晚了很多，但随着近年来国家层面的不断重视，中国已经开始从人工智能第二梯队，逐渐跻身于第一集团军之中。

一、国家层面的人工智能发展

纵观中国 AI 产业发展，呈现出了阶段目标化的特点：

1. 第一阶段（2009 年—2013 年）

这一阶段的人工智能，还停留在基础设施建设、理论向实际转换的阶段。物联网、信息安全、数据库、人工智能的概念已经被提出，但尚未成为社会热点，主要在专业领域进行讨论。

---

① 内容及图片引自澎湃新闻《赋能上海丨人工智能列国志之美国篇：从就业问题到国家安全》，内容有删改。

2. 第二阶段（2013 年 2 月—2015 年 5 月）

这一阶段的人工智能，是开始向实际应用转换的初级阶段，大数据、人工智能、物联网的概念已经得到认可，社会各界逐渐认识到人工智能的重要性，政府也在开始研究相关产业，并进行相关技术标准的制定。

3. 第三阶段（2015 年 5 月—2016 年 3 月）

第三阶段的人工智能是高速发展时期，各类实用性论文不断发布，基础建设、硬件产品不断诞生。这一阶段，大数据的重要性被反复提及，相关政策越来越重视对海量数据的挖掘与分析。

4. 第四阶段（2016 年 3 月—2017 年 7 月）

这一阶段的人工智能，从最初的大数据挖掘，逐渐升级为物联网、云计算的研究，中国进入人工智能稳定发展期，各个企业开始不断布局，社会各阶层对人工智能的关注急剧增加，如智能机器人等行业得到了快速发展。

5. 第五阶段（2017 年 7 月—目前）

人工智能的应用进入快速普及阶段，教育、医疗、行政管理越来越多地接入 AI 系统，相关专业垂直软件、平台正在不断诞生。依托相关基础设施获得迅猛发展，并成为国家重要发展战略产业。

不过十年时间，中国的人工智能已经从一无所有，发展成为国家战略，这成为了闪耀世界的奇迹。相比较工业基础发达的美国、欧洲与日本，中国快速居上，在 AI 领域完成了一系列的超车。

AI 对于世界的影响毋庸置疑，所以，伴随着中国人工智能产业的快速发展，它也成为国家发展战略，写入政府工作报告之中。正如《新一代人工智能发展规划》中明确的目标：到 2030 年使中国人工智能理论、技术与应用总体达到世界领先水平，成为世界主要人工智能创新中心。

其他相关国家发展规划中，同样将 AI 放在了举足轻重的地位。例如，国家发改委在 2018 年年初发布的《2018 年"互联网"、人工智能创新发展和数字经济试点重大工程支持项目名单》中，在 2017 年"互联网 +"重大工程的基础上增加了人工智能、数字经济两个新分类。

从国家顶层设计入手，为人工智能发展指明方向、引导人工智能渗透至各行各业，助力传统行业实现跨越式升级，提升行业效率，这是中国人工智能发展的目标。

二、地方层面的人工智能发展

从国家层面来看，人工智能被确认为未来国家发展的重点战略，它为 AI 产业发展提供了政策扶持；而到地方层面，各地也在不断行动，细化人工智能产业的分类，形成由上至下的统一。

1. 北京：人工智能发展的中心

2018 年 1 月，知名智库品牌亿欧发布 2017 年度《中国人工智能产业发展城市排行榜》，北京在各项指标的优异表现使其得分远超其他城市，稳居第一。这其中，政府的大力支持，是北京成为"中国 AI 产业中心"的关键所在。

2016 年以来，北京市连续发布多项相关政策文件，如《北京市加快科技创新培育人工智能产业的指导意见》等，对人工智能产业的发展做出明确规划，给北京带来了完善的 AI 产业框架建设方案。

此外，为了给人工智能产业带来一个积极的环境，原本以电子产品销售为重点的中关村，开始进行积极转型，成为中国第一个国家级高新技术产业开发区。北京市政府在人工智能产业培育及创新发展方面，对入驻中关村的 AI 企业提供了众多便利，创造出产业聚焦园区，以便进行更加快捷的业务合作与沟通。

与此同时，北京市联合相关人工智能企业，发起了如"千人计划"、"海聚工程"等活动，鼓励海外 AI 人才来北京进行创业，并提供相应的政策、资金与技术支持。

2. 成都：正在崛起的人工智能新贵

作为近年来科技产业发展迅速的内陆城市，成都也在不断拓展人工智能发展的格局，相关文件、峰会的举办，让这里展现出了并不亚于北京的勃勃生机。

2018 年 8 月，经过成都市政府不断申报、争取，"西部人工智能创新中心"成都正式落地，这是西部地区最大的人工智能发展中心，用于人工智能项目的专业孵化。2025 年前，该中心计划引入、培育、孵化与深度辅导国内外 100 家人工智能优质企业，吸引了众多人工智能领域的人才进驻，进行创业与合作。

随后，就在 2018 年 9 月，成都市政府发布《关于加快推进网络信息安全产业体系建设发展的意见》，其中明确说明：成都市将加快关键核心技术产品突破，积极布局人工智能安全等前沿技术领域，实施网络信息安全应用试点示范工程。这成为成都发展人工智能产业的重要政策依据。

在此之前，成都已经开始 AI 产业的积极探索。以成都市高新区

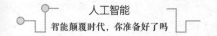

为例，截至2017年年底，这里已聚集人工智能相关产业近30家，其中包括计算机视觉、智能语音处理、生物特征识别等人工智能技术公司，在人工智能的智能产品、工业制造等方面已经形成完整的人工智能产业链，不断吸引新技术、高精尖人才入驻成都。

越来越多的城市，都如成都一样，开始进行积极的人工智能产业拓展。未来，中国必然会诞生更多"人工智能之城"，在国家发展战略的支持下，让"中国AI"成为下一张叫响全球的名片！

6.4 欧洲：走向以人为本的人工智能时代

欧洲，第一次工业革命的诞生地。数百年来，欧洲推动着世界的科技、文明发展，它是全球最为发达的地区。尽管随着美国崛起、中国实力的不断提升，欧洲影响力有所下降，但不可否认，以英国、德国、法国为首的欧洲始终引领世界的潮流。人工智能同样不可例外，欧洲各国同样在实践着"以人为本"的人工智能追求。

一、英国人工智能的发展

英国是欧洲人工智能发展的领头羊，2017年8月，《欧洲人工智能公司生态报告》显示：英国共有122家人工智能公司，已经成为欧洲人工智能的核心中枢。同时，世界知名高校剑桥、牛津大学位于英国，为英国源源不断输出人工智能领域的高级人才。

战胜柯洁的AlphaGo，其背后公司DeepMind正来自于英国，这是一家成立于 2010 年、位于伦敦的人工智能科技初创公司，其创始人为人工智能程序师兼神经科学家戴密斯·哈萨比斯，此外还有众多人工智能领域的知名科学家加入。2014 年，谷歌斥重金收购DeepMind，这一举动后来被业界认可为谷歌最成功的投资之一。

英国是欧洲人工智能发展最积极的国家，在 2017 年英国发布的《在英国发展人工智能产业》中，数据显示：AI 将为英国提供 8140 亿美元的经济增长，它是工业 4.0 时代英国保持国际地位的最佳途径，所以英国政府自然对 AI 发展非常重视。

2018 年，英国政府针对人工智能，再一次进行大规模地投资。2018 年 4 月，英国政府宣布，将联合来自美国、欧洲以及日本的公司，为英国的人工智能行业注资 10 亿英镑。而为了让人工智能技术进一步落地，英国政府还积极推进公共数据的开放，让人工智能真正在民众中得到普及，这会有助于民众理解 AI、爱上 AI，吸引更多人才参与到人工智能的开发之中。

相比较美国、中国的人工智能体系，英国 AI 发展的重点，在于"以人为本"：不断向行业输出高素质人才，这与英国拥有众多国际顶级高校有关，也与英国本土面积较小、制造业体量有限有关。相比较中美辽阔的国土面积、数量庞大的制造企业，英国很难进行人工智能的大规模生产，所以将重点放在了人才培养之上。

2015 年，英国工程和物理科学委员会就联合英国五所顶级高校剑桥、爱丁堡、牛津、华威与伦敦大学学院，投资 4200 万美元建立图灵研究所，重点研究 AI 在国防安全、健康、计算技术、数据中心工程以及金融和智能城市等领域的应用，并帮助培训新一代数据科学家。这一研究所，是目前全球最高级别的 AI 研究所，已经取得了一些关

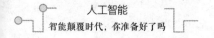
键领域的突破性进展。

目前，在伦敦工作的 AI 研发人员已达 42 万人，这个数字在 2015~2017 年间增长了 16%。庞大的人才储备，是英国开拓 AI 版图的最有效"武器"。

二、德国人工智能的发展

德国是紧随英国其后的欧洲第二大人工智能国家，相关 AI 公司达到了 51 个。同时，它也是人工智能发展最快的欧洲国家之一，对未来具有非常明确的规划。

2018 年 4 月的汉诺威工业博览会开幕式上，德国总理默克尔就明确说明：在 AI 领域，德国的目标就是美国与中国。德国将会投入 3000 万欧元，建立 4 所机器学习能力中心，部署在柏林、图宾根、慕尼黑和多特蒙德 4 座城市，大力发展人工智能产业。

德国是世界最知名的制造业强国，西门子、施耐德、宝马、奔驰等无一例外都是制造业领域的巨头。正因为此，德国的人工智能发展与英国有着明显不同：通过工业 4.0 升级带动人工智能的发展。相比较英国更加侧重于底层技术的研发，德国的人工智能重点，则直接应用于工业生产之中。

工业 4.0 的概念，由德国在 2013 年正式提出，当时德国已经将"人机交互、网络物理系统、云计算、计算机识别、智能服务、数学网络"写入了国家层面的《新高科技战略》之中。随后，德国政府投资 2 亿欧元建立工业 4.0 平台，大力发展人工智能技术，这个平台包含了德国信息技术、电信和新媒体协会、德国电气与电子工业协会以及知名企业西门子、SAP、德国电信、费斯托等。

将制造企业纳入到人工智能开发之中，会促成人工智能技术的直接落地，新产品第一时间应用于工业生产之中。所以，德国的人工智能在消费市场占比有限，远低于美国和中国，但在工业生产领域，目前却遥遥领先其他各国。

随着制造业人工智能发展取得良好的效果，德国的人工智能发展也不再局限于工业体系之中，开始向更大的应用场景推进。2017 年 9 月，德国联邦教研部启动了一个称为"学习系统"的人工智能平台，计划通过人工智能深度学习的特质，提高工作效率和生活品质，促进经济、交通和能源供应等领域的可持续发展。

医疗、交通，这同样是德国最具优势的产业，德国将会在这些领域，同样启动完善的人工智能发展规划。可以预见，随着德国在 AI 领域的不断发力，人工智能领域又将出现新一轮的技术大爆发。

三、法国人工智能的发展

相比较英、德，法国的人工智能发展明显落后，但随着开放派领导人马克龙的执政，这一局面也得到了明显改善。

事实上，法国拥有全球最顶级的人工智能研究机构，例如法国国家信息与自动化研究所（INRIA），其重点研究领域为计算机科学、控制理论及应用数学。此外，法国国家科学研究中心也是欧洲最大的基础研究机构之一，所以法国发展人工智能研究，具有得天独厚的条件。

2018 年 3 月 29 日，法国总统马克龙发布《法国人工智能发展战略》，其中一项重要的决定就是：法国政府将进行 15 亿欧元的投资，为法国创造人工智能的发展环境。这其中，约 4 亿欧元专门用于相关颠覆

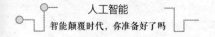

性创新项目的招投标。

同时，为了促进人工智能产业的发展，法国还对科研人员创办企业的手续进行大幅简化，并重点在医疗、汽车、能源、金融、航天等法国较有优势的行业来研发人工智能技术。

就在当天下午，谷歌旗下的 DeepMind，即 Alpha Go 的发明公司，正式宣布将会在法国巴黎设立一个新的人工智能实验室，这是 DeepMind 在欧洲大陆设立的第一个人工智能实验室，表明法国在人工智能领域必然会展开更加大胆的尝试。

除了英国、德国、法国之外，荷兰、瑞士、芬兰等国，同样属于人工智能发展较为快速的国家。不过受限于国土面积、国家综合实力等，这些国家的人工智能发展与英德法相比，尚未形成规模化。但无论如何，作为世界最发达的地区之一，加上欧盟的积极推进，欧洲依然是人工发展最蓬勃的地区，凭借着成熟的人才科研体系，引领 AI 继续前行。

6.5　日韩：国家推动，齐头并进

在东亚地区，除了中国，日本与韩国同样是 AI 领域的强国。日本与韩国具有相似的特点：工业基础完善，科技行业发达，这是他们进军人工智能最大的资本。日本与韩国的人工智能发展与中国类似，同样以国家为强推动力，尤其在消费应用领域，取得了一系列长足的进步。

一、日本的人工智能发展

第二次世界大战结束后的日本，在美国资金、技术支持下，成为世界上科技能力最强大的国家之一，并拥有如索尼、松下、三菱等一系列科技、制造行业巨头，这是日本发展人工智能最强大的基础。

不过进入 2000 年后，日本经济出现下滑，如索尼等公司遭遇发展困境，所以，在发达国家之中日本对于人工智能的渴望更加迫切，希望基于此能够扭转颓势。日本政府也在不断优化人工智能发展环境，并出台了一系列行之有效的政策。

2016 年 1 月，日本政府正式颁布《第 5 期科学技术基本计划》，这其中提出了"超智能社会 5.0 战略"，即人工智能社会。日本政府认为超智能社会是继狩猎社会、农耕社会、工业社会、信息社会之后的又一新的社会形态，人工智能是超智能社会的核心，必须大力发展这一产业，实现虚拟空间与现实空间高度融合的社会形态。

不仅从国家战略层面设定人工智能发展规划，日本政府还在政府预算中，将相关项目开展直接明确到各个部门，建设完善的人工智能发展体系。通过日本政府公开的预算，可以看到人工智能在日本国家层面已经做到精准分类、有序发展：

总务省：预算 4.1 亿日元，内部补贴 273 亿日元。主要用于模仿大脑分类学习等技能的人工智能开发，以及脑信息通信技术和社会认知解析技术研发的推进。预算 6 亿日元，主要用于物联网、大数据、人工智能等信息通信平台的实证研究。

文部科学省：预算 71.09 亿日元（包括补贴），主要用于人工智能、大数据、物联网等网络安全一体化项目。理化研究所相关事业经费 14.5 亿日元，科学技术振兴机构新设相关课题经费 11.5 亿日元，既有

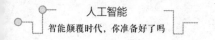
相关研究经费 28.49 亿日元。

经济产业省：预算 45 亿日元，主要用于人工智能和机器人核心技术研发。同时提供大量补贴资金，通过新能源产业技术综合开发机构（NEDO）委托民间企业和大学开展相关研发活动，并补贴产业技术综合研究所（AIST）进行相关研发。2016 年第二次补充预算 195 亿日元，主要用于人工智能全球研发基地建设，并对产业技术综合研究所相关活动给予 100% 补贴。

厚生劳动省：预算 4.7 亿日元，主要用于临床人工智能数据系统实证研究。预算 1.8 亿日元，主要用于探索人工智能支持新药研发活动。

农林水产省：预算 500 亿日元（包括补贴），主要用于新一代农林水产创新技术研发。预算 40.88 亿日元（包括补贴），主要用于重点委托研究项目。2016 年补充预算 117 亿日元（包括补贴），主要用于创新性技术与目标明确技术研发，以及熟练农民经验可视化项目。

国土交通省：预算 3 亿日元，2016 年补充预算 0.6 亿日元，主要用于物联网、人工智能、机器人等技术应用。预算 4.86 亿日元，2016 年补充预算 0.9 亿日元，主要用于与海洋活动相关的物联网、人工智能、机器人等应用技术研发与实证。①

纵观全球，日本对于人工智能的预算规划是最完善的，最大限度地保障了人工智能的推进。政府层面积极布局，企业同样闻风而动，进一步细化 AI 产业的发展。

日本知名企业富士通出资 7 亿日元，向日本国内著名研究机构理化研究所订购用于人工智能开发的超级计算机，同时 5 年内投资 20 亿日元与该所建立人工智能基地；丰田集团则投资 60 亿元，用于车

---

① 以上内容选自"千象网"《透视日本人工智能战略，三大方向齐头并进》，内容有删减。

用新技术专利研发；三菱重工与 IBM 进行深度合作，开发火电厂远程监控人工智能系统……①

日本具有完善的工业生产体系，加上政府的大力支持，同时拥有东京大学、早稻田大学等亚洲首屈一指的高校资源，所以这里也成为最受世界关注的"人工智能发展明星地区"。

二、韩国的人工智能发展

相比较美国、中国、日本等，韩国的人工智能发展明显处于落后。韩国政府自身也意识到了这一问题，因此开始积极制定 AI 产业的发展战略。

2018 年 7 月，韩国第四次工业革命委员会在举行的第六次会议上，通过了人工智能研发战略，开始加大对人工智能的投入，并确立了"确保人才、技术和基础设施"。

在此之前，韩国已经着手建立"AI 枢纽"体系，这一工程从 2018 年 1 月开始建设。在这个公开的数据库里，计划到 2022 年构建 1.6 亿条企业所需的数据，构建韩语语料库 152.7 亿字节。自动驾驶、医学图像诊断等数据，都将会进入这一平台，并对公众进行开放，实现政府、企业民间共同推进 AI 发展的局面。

而人才短缺，则是韩国面临的最大困境。受限于人口数量和高校质量，相比较美、中、日，韩国的人工智能人才明显稀缺，所以，韩国计划 2022 年之前新设六所人工智能研究生院，重点培养高级人才。此外，韩国政府还规定韩国大学必须开设人工智能相关课程。与此同时，韩国政府还制订了培养 350 名高级研究人员的计划，并与 IBM

① 以上内容选自"千家网"《透视日本人工智能战略，三大方向齐头并进》，内容有删减。

等公司合作，加大引入 AI 人才的力度。

韩国三星集团的地位毋庸置疑，汽车领域、手机领域的人工智能发展已经取得了一定成绩，除此之外，医疗产业也是韩国重点发展的人工智能方向。

韩国 IT 公司 SK C&C，已经开始将旗下的 AI Aibril 智能产品进行实际应用。借助手机 APP，用户可以快速监控自身的安全状态。而各大医院，也在建立影像大数据数据库，提升诊断的正确率。

中国、日本、韩国，作为同属东亚经济圈的三个强国，彼此之间距离较近，同时又具备相同的文化底蕴，可以预见彼此之间人工智能交流会日趋频繁。东亚不仅是世界经济的新增长点，未来，还会成为 AI 产业的新领军地区！

第七章

畅享人工智能红利，积极跟随新趋势

　　人工智能产业已经形成了完善的体系，各类红利产品正在不断诞生之中，如智能翻译机、智能送货机、智能家庭控制系统等。科技正在不断爆发之中，积极跟随新趋势去挖掘创业之路，那么我们就能挖到人生的第一桶金！

7.1　机器翻译：语言障碍不再是问题

"先生，请问纽约时代广场该怎么走？您懂中文吗？"

"#@￥@#￥%……&……&★"

"天啊，你在说什么？我为什么一句也听不懂？没有人可以帮帮我吗？"

如今，随着收入的不断增加，民众出国旅游的热情越来越高。几乎世界所有地区，都会有"中国旅行团"的身影。然而，语言不通，导致本节开篇场景反复出现。彼此语言无法相通，让我们出行的愉悦感大打折扣。

除此之外，国际商务贸易活动、国际型会议……语言不通的问题大大制约了工作效率的开展。尽管部分活动已经配备现场翻译，但滞后性、准确性不足，依然困扰着工作的展开。

难道语言障碍问题，会一直困扰我们的生活与工作？

当然不。随着智能机器翻译的时代到来，语言障碍，正在被人工智能有效解决。

一、机器翻译的发展

机器翻译并非人工智能时代的产物，早在 1954 年，IBM 展示了一个基于 6 项语法规则和 250 字词汇表的计算机翻译系统，可将 60

个简单的俄语断句直译为英语。随后，IBM 不断加大投入研发，不过，彼时的翻译系统，仅仅只能实现"单词翻译"，并不能根据语境精准翻译，导致经常出现"驴唇不对马嘴"的情形，让人摸不到头脑。

这种现象，相信我们在很多在线翻译网站中都有所体会。不能理解文本真正的含义，所翻译的内容让人直呼"看不懂"。

直到进入 21 世纪，机器翻译才迎来了真正的突破。人工智能独特的深度学习法，让机器翻译能够在很短的时间内快速完成对文章的理解，优化翻译结构。这一技术，首先在语音识别中得到了应用，随后在图像识别和机器翻译上得到了有效推广。

人工智能时代的机器翻译，不再是传统翻译的"点对点"翻译，而是借助拥有海量结点（神经元）的深度神经网络，自动从语料库中学习语法，尝试"拟人化翻译"。这种翻译模式，会让译文更加流畅，在符合语法规范的同时，还会结合民众的使用习惯，因此更容易理解。与过去的翻译技术相比，译文质量有了"跃进式"的提升。

"信、达、雅"，这是翻译的最高水准，它不仅需要了解外文的基本含义，更需要具备一定的文学水准。而这一追求，在人工智能上正在成为现实。

2018 年 3 月，微软亚洲研究院与雷德蒙研究院宣布：其研发的机器翻译系统对新闻报道进行中英测试，无论翻译质量、准确率都已经达到了人类专业译者的水平。微软还邀请世界顶级双语顾问进行盲测，最终结果为：微软的系统得分 69.9，专业译者 68.6，机器翻译已经超越了人类翻译的水准。

机器翻译技术的意义，就在于打破语言壁垒，让所有人都能够快速获得信息和服务。借助人工智能，即便远在非洲部落的孩子，也可

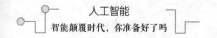

以快速了解当天西班牙足球甲级联赛中皇家马德里与巴塞罗那的比分。自由交流、不受束缚，这样才能有助于人类文明的共同发展，有助于民众的知识水平不断提升。

二、机器翻译的应用场景

技术上的不断升级，让智能翻译有了应用的可能性。尤其当场景不断丰富，它的实用性、价值就会得到更加明显的体现。

最实用的场景，就是"出境自由行"。来到一个陌生的国度，无论身在餐厅、酒店还是旅游景点，机器翻译都是我们体验异国风情的关键。

例如，当我们走进土耳其一家风情餐厅，一旦没有翻译做协助，那么面对餐单时就会一筹莫展，如果再少了配图，那么点菜只能"听天由命"。哪些才能真正体现出土耳其美食特点，我们只能一通胡猜……

但是，一旦有了智能翻译设备的支持，我们会很快了解到每一道菜的名字是什么，它就有哪些特别之处。甚至，它还会自动进行互联网关联，详细介绍这道菜的历史、口碑，让我们轻松了解这道菜的各个方面，这样才能真正大快朵颐！

美食如此，服装、纪念品、旅游景点等亦如此。

更大的应用场景，则是经济层面的应用。以百度翻译为例，免费开放 API 支持了超过 7000 个第三方应用，这就意味着进行全球互联网经济往来时，我们可以轻松与世界各地的人进行无缝沟通。甚至，很多俄罗斯用户凭借这一系统接入淘宝网，将商品信息翻译为俄语，即便他们并不了解中文，却依然可以轻松与中国进行商务往来。

学术界，同样因为智能翻译的出现，享受到了"智能红利"。2015年，在中国电子信息技术年会上，百度牵头与中科院自动化所以及多家高校共同研发的《基于大数据的互联网机器翻译核心技术及产业化》项目获得了电子学会科学技术进步奖一等奖。这个项目，能够通过深度学习，让机器自动理解不同单词、短语和句式，并且对专业领域的学术名词进行自动学习，达到精准翻译的目的。

这就意味着：中国的学者，当遇到一篇影响整个行业的深度论文时，再也不必求助其他人进行漫长的人工翻译，只需通过OCR等识别技术，即可快速完成识别、语言转换，大大提升科研效率！

三、巨头布局：机器翻译时代悄然来临

技术如果不能落地，不能走进民间，那么它永远只是理论，民众永远无法享受红利。

所以，当智能翻译技术已经成熟，各大科技巨头开始快速布局，开始市场化的尝试。谷歌、微软、科大讯飞、搜狗……越来越多的科技公司，正在不断杀入战场。

谷歌推出的Pixel Buds，是最具代表性的产品。这款产品可支持40种语言的实时翻译，几乎囊括了世界绝大多数的语言。

微软同样积极布局，与小米合作推出了魔芋AI翻译机。这款翻译机支持60种语言的机器翻译，并整合智能助理，使用更为便捷。

中国语音巨头科大讯飞与搜狗，同样推出了自己的手持翻译机。科大讯飞翻译机支持5种主流语言的翻译，并具备离线功能；而搜狗翻译机在这个基础之上，还具备拍照识别翻译的功能，实用性大大提高。

目前来说，机器翻译设备主要应用于专业领域，但随着技术、功能的不断提升，未来在教育、旅游、社交、跨境交易等领域，它的重要性会进一步提升。

巴别塔的故事，我们都不陌生。正是因为彼此语言并不相通，人类无法进行合作建造。但是，随着智能翻译机器的出现，一个能让不同语言的人无缝沟通的世界，会不会就此实现？

7.2　机器送货：京东机器人快递便利你的生活

"我是京东智能配送机器人，已抵达您的楼下。"

2018 年的京东"618 购物节"，倘若你在当天疯狂购物，倘若你住在北京市海淀区，那么在收货时你也许会赫然发现：曾经那个熟悉的"快递小哥"忽然不见了，取而代之的，是一个可爱的人工智能机器人！当听到它打来的电话时，你一定想要立刻冲到楼下，看看这个智能快递机器人究竟长什么样！

更让你感到不可思议的是：不过昨晚才下单，京东机器人居然一大早就将产品送至家中！要知道，在过去的 618 购物节中，由于全网庞大的购物量，送货需要排期到三天甚至一周之后！

京东智能配送机器人的出现，让我们意识到：网购不知不觉中正在经历着升级，搜索推荐是"看不见的人工智能"，而这样可爱的京东机器人，则让我们在现实中体验到"人工体验真实的触感"！

━ 一、智能机器人配送：京东带来的快递变革

京东在 618 购物节正式推出智能配送机器人，当然不仅仅只是为了"噱头"。它的确能给京东带来足够的曝光度与社会讨论热点，但在这个基础上，智能配送机器人对购物体验进行全方位升级，尤其对于饱为诟病的快递，实现了一次完美的"逆袭"！

2018 年的 618 购物节，京东共配备 20 余台京东配送机器人进行服务，它们完全不依赖人工，会根据内置的 GPS 导航芯片，将商品送至客户家中。用户既可以刷脸，也可以输入取货验证码，还可以通过京东 APP 进行确认，十秒之内即可完成收货。

智能机器人之所以可以实现自动送货，就在于其内部植入了"雷达 + 传感器进行 360 度环境监测系统"。这个系统不仅会自动规划送货线路，还可以实时判断路况，自动规避道路障碍与往来车辆行人。甚至，它还具备识别红绿灯信号的功能，不会出现闯红灯的现象。

所以，尽管很多人一开始担心这样的机器人会造成交通事故，但实际上京东智能机器人并没有出现一起差错，反而还很懂得"礼貌让人"，比传统人工快递更加遵守交通规则！

智能配送机器人的推出，正是为了解决快递"最后一公里"的问题。它可以从站点配送至写字楼、居民区、便利店、别墅区及园区等，并且不断根据实时路况调整线路，做到线路的最优化，大大节约时间。主动换道、车位识别、自主泊车……这一切机器人都可以自动完成，不需要人工的任何协作。

在过去，之所以我们抱怨快递始终不够"快"，就是因为很多时间都被快递小哥浪费在了路上。当然这并不是他们的错，因为他们必须频繁往返于配送站与服务片区来完成订单补货。而配送机器人则可

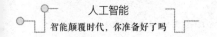

以通过大数据平台，首先分析送货线路，再进行产品分拣，通过人工智能设定最优方案进行配送。后台系统，还会随时监测各个配送机器人的实时运送情况，进行精准化的数据调整，而不是仅仅依靠"快递员的经验"。

京东在618购物节后进行数据统计，发现送货机器人的配送效率是人工的十倍！

智能配送机器人在北京大获成功，很快西安成为第二个京东无人送货车投入运营的城市。未来，这样的城市将会越来越多，也许以后我们再也看不到穿着小黄衣的快递员，而是一个个呆萌、有趣的智能机器人！

二、从机器人到无人机：京东快递的再升级！

如果说，智能配送机器人已经让我们感受到了京东快递的快捷，那么京东无人送货机的出现，更加会让我们感受到：人工智能简直无所不能，从天到地，一切皆无人！

京东无人送货机，同样在2018年京东购物节推出，尽管相比较智能配送机器人，这只是第一架重型无人机的下线，但它代表着未来京东更加智能化的物流管理。

与道路行驶的智能机器人相比，无人机的优势更加明显：它可以飞直线，不用受地形的影响，更不用像汽车一样走弯路兜圈子。这就意味着，用户收取商品的时间进一步缩短，甚至不必开门下楼，只要收到提示后打开窗户，无人机即可将我们的产品送上门！

人工智能无人机代表着京东乃至中国物流行业的未来，所以京东表示：将在四川建立185个无人机机场，建成后将实现24小时内送达中国的任何城市。同时，还将在陕西建设 100 个无人机机场。而为了实现这一目标，京东已经建立了全球首个无人调度中心，可以全天候 24 小时为无人机做保障。

这当然不是梦想，2018 年 2 月，京东已经拿到了无人机空域批文，这就意味着无人机送货已经符合国家要求，很快就将真正落地。

对于用户来说，无人机除了可以压缩收货的时间，购物体验还将进一步升级。例如，传统收货方式，用户必须在家中或者单位等待，为此甚至需要推掉其他活动。但随着无人机送货时代的到来，用户可以不用在固定点来收取包裹，即便外出旅游，智能配送系统也会根据我们的定位调整、优化线路，再通过人脸识别等方式，轻松将商品取走。

而随着人工智能无人机的不断应用，农村地区的在线购物及电商发展，也会得到进一步下潜。过去，由于道路等问题，很多偏远农村地区始终无法进行快捷购物，用户往往需要翻山越岭来到乡镇进行取货，体验非常差。而无人机的介入，将会无惧道路问题，覆盖面大大提升。同时，这也会让农村电商得到进一步普及，深藏于深山之中的"宝贝"也能够快速走进更多的地区。

目前，京东正在招募 20 万个乡村推广员，就是通过"人机结合"的模式，拓展电商平台的应用。无人机先把村民购买的商品从农村配送站送到推广员的家中，再由推广员进行派送，这样村民同样可以体验足不出户的快捷购物！

京东开启了智能机器人、智能无人机送货的时代，未来，一定还会有更多的电商平台加入这一浪潮之中。更加便利、快捷的购物方式，意味着我们的"剁手"不仅不会停止，反而还会进一步升级！

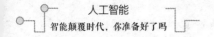

7.3 智能投资：知人知面更知心

金融投资，近年来逐渐受到民众的关注。各类 P2P 平台风起云涌，微信、支付宝推出理财产品，就连曾经"高高在上"的银行，也开始针对普通民众推出各种丰富的理财产品。

相比较出行、购物，金融投资的安全要求更高。除了保证账户安全之外，还要根据用户的收入、需求，推荐最符合定位的理财产品，做到"知人知面更知心"，这样才能满足大众的需求。

传统人工推荐、办理的模式，往往会出现这样的情形：

"我明明想要办理的是稳健性投资产品，为什么你向我推荐的是风险这么高的产品？"

"我一个老人懂什么，就是工作人员和我推荐的……早知道是这样，我绝不会掏钱！"

"我根本不知道是怎么操作的，是工作人员帮我购买的，我也没想到结果成这样……"

这样的故事，近年来不断频现报端，暴露出传统金融投资与客户之间的信息不对等，从而产生各种各样的麻烦。

那么，在人工智能时代，这样的局面可以被有效破解吗？

一、智能投资：让民众买得更加放心

既然人工智能在语音识别、身份识别、信息推送等领域已经拥有完善的技术，那么它是否可以应用于智能投资领域呢？

当然可以。已经有企业，开始进行这方面的尝试。

2018 年 9 月，国元证券发布了证券手机 APP"国元点金"，这正是一款以 AI 语音为切入点的智能化投资理财助手。国元证券与科大讯飞、金证股份利用语音识别、自然语义理解等人工智能技术，实现了语音交易的技术，同时还具备语音查询、语音咨询、智能选股、智能诊股等诸多功能。

这就意味着，当用户通过语音输入自己想要投资的领域时，国元点金将会按照关键词进行后台筛选，将最符合用户需求的股票、理财产品推送至手机端；用户还可以继续进一步筛选，针对每一只股票进行更加完善的了解。这一切无需他人帮助，即便不会文字输入也无妨，通过语音即可完成所有操作。

同时，语音交易的引入，更加提升了交易的安全性：无法通过语音识别的确认，就不能随意进行买卖。这种基于智能技术的全新升级，大大保障了金融投资的安全性，即便老人也可以轻松使用，客户体验得到明显提升。

目前，这样的尝试已经在越来越多的金融机构中展开。例如招商银行，每年都会投入 50 亿元，在 AI 领域进行大胆创新，这成为招商银行成长因素的重要推动力。而招商银行，也确认了未来的发展目标：金融科技银行。

二、人工智能反诈骗：让罪犯无处可逃！

诈骗，这是金融投资领域的头号难题。据猎网平台 2018 年 1 月发布《2017 年网络诈骗趋势研究报告》显示：2017 年，用户受金融理财类诈骗损失巨大，被骗者人均损失高达 50168.2 元。尽管公安、金融部门不断发布各类反诈骗技巧，但诈骗、非法集资等问题，却始终很难得以杜绝。

道高一尺，魔高一丈，这是金融领域最典型的现象。之所以诈骗问题频现，就在于传统金融欺诈检测系统非常依赖复杂和呆板的规则，监测效果不佳、效率低下，甚至很多时候需要人工进行排查，才能最终确认。但也许只是这几个小时，不法分子已经将资金进行快速转移，很难再进一步追踪。

而人工智能接入反诈骗系统，会大大提升安全系数。凭借着深度学习能力，AI 系统可以快速对异常活动和行为进行分析，并立刻生成预警报告，发送给安全团队。随着深度学习的不断深入，数据更加庞大，行业专家预计 5~10 年内，这种完全由人工智能进行的反诈骗系统将会全面上线。

当然，公众想要享受这份红利，不必苦苦等待五年。当下，已经有商业机构开始介入这一领域，这其中既有腾讯、京东这样的巨头，也有 DataVisor 这样的垂直安全公司。尽管与最终目的还有一定距离，但是它们正在通过人工智能建设完善的反诈骗系统。

2017 年，在"2017 金融科技与金融安全峰会"上，京东表示已经通过人工智能建立安全防范产品，能够对信用欺诈、账户盗用、虚假交易等进行有效防范，并且在京东支付、白条、众筹、企业信贷等多个业务场景得到实战验证。此外，还研发出搭载人工智能技术的反欺诈识别模型。

京东的反欺诈识别系统，会根据大数据分析用户的 IP 地址、浏览地址、电话号码等一系列数据，并构成多层次关联关系。这样一来，一旦确认某个不法分子，会快速关联到身边其他人，保证正常用户不受损失。例如当不法分子的相关账号被锁定，那么人工智能将会立刻冻结账户，保证资金不再进一步被转移。

腾讯旗下的安全联合实验室反诈骗实验室，则与招商银行进行深度合作，并推出了一系列"黑科技"反诈骗系统。鹰眼智能反电话诈骗盒子、麒麟伪基站定位系统、神荼反钓鱼系统、神侦资金流查控系统、神羊情报分析平台……这些产品无一例外基于人工智能机器学习为核心，会不断对银行账户进行分析，一旦发现问题立刻启动应急机制，如快速锁定账户、手机位置定位、接通公安电话等。

这些系统，已经在很多领域取得了非常积极的反馈。据北京公安统计数据显示，接入鹰眼后，2017 年 1 月～5 月对比 2015 年 1 月～5 月资金损失下降 67.7%；深圳公安公布的数据显示，使用鹰眼智能反电话诈骗盒子的运营商，2017 年 1 月～5 月冒充公检法诈骗电话总数仅为未使用运营商的 13.96%。可见，人工智能在反诈骗领域，已经取得了很好的成绩。

美国科技公司 DataVisor 同样在这一领域不断下潜，并在中国市场站稳脚跟。DataVisor 独创的人工智能无监督学习算法，会让人工数据的判断更加高效，它不是借助数据源进行学习，而是通过对数据的行为动态做出规则判断，针对个体欺诈和分布式的群体欺诈提供反欺诈检测服务，不仅可以服务于企业，更能够服务于普通用户。进入中国仅仅一年，今日头条、猎豹移动、探探、微店等，就已成为

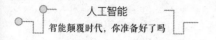

DataVisor 的客户。

可以看到，随着巨头企业、行业垂直企业的不断布局，金融投资的安全系数正在逐步提升，人工智能化成为金融投资"最安全的一道门"。知人知面更知心，提升金融投资领域的便捷性、安全性，这样才能保证金融活动有序健康的开展。

7.4 智能家庭：你的一切都能交给机器

深夜回到家，打开门不必摸黑找开关，客厅的灯已经自动打开，并调整至"柔和模式"。

第二天女友的妈妈要来家里做客，考察自己是否是合格的"准丈夫"，头一天晚上，我们拿出手机输入一番，入梦后智能机器人开始打扫卫生，并且没有一点声音。

今天晚上会有一场精彩的足球赛，但晚上你要参加老同学们的聚会，但你并没有苦恼，因为智能 TV 早已收到你的需求，将会在 22 点整自动对这场比赛进行录像，供你第二天再细细品味。

……

这样的"超级无人管家模式"，是很多人的梦想。随着人工智能不断向家庭渗透，这一天已经真实到来。

一、智能家庭的前景

智能家庭，已经成为未来家庭发展的重点方向，数据显示：全球智能家居市场正在以 9.5% 的年复合增长率快速发展，预计到 2023 年，智能家居市场规模将达到 1073 亿美元。

智能家庭之中，家居物联是核心所在，形成"住宅自动化概念"。当下部分企业推出的"智能管理体系"，通过手机 APP 即可控制家中的照明、窗帘、空调、电视等系统，就是家居物联的一种体现。当然，这只是家居物联的初级功能。

未来的智能家庭之中，我们无需使用手机，各个智能家居产品就会自动根据环境做出判断，并进行精准调整。例如飞利浦、立维腾等知名电器品牌，已经推出全自动智能照明系统。这个系统会通过动态捕捉发现我们的行动，当我们走进房间时自动打开灯光，发现我们入睡后自动调暗或关闭灯光。我们还可以通过语音，进行更加个性化的无线操控。

空调系统，也开始进入智能控制阶段，它会根据我们的状态自动调整。当我们起床或离家时，它能够自动选择关闭；当我们在另外一个城市的飞机场通过 APP 告诉它"两个小时后会回到家里"，它会提前十五分钟启动压缩机，开始进行制冷。回到家里，一切都是那么熟悉，这里就是让自己最放松的环境！

想想看，某一天晚上，我们忽然感到有些饥饿，想要给自己来一碗泡面，这时候我们无需打开手机小心翼翼地走进厨房，刚刚从床上起来灯就会缓缓亮起；对着冰箱说一句："我想吃泡面。"冰箱门自动打开，托盘中不仅有泡面，还有鸡蛋、葱花，甚至灶具还会温馨地问道："是否现在需要烧水？"这个时候，你会感到一个人的夜晚不

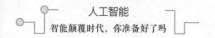

仅不寂寞，反而充满了温暖！

这样的产品，正在源源不断地投入于市场之中。例如格力在 2018 年推出的 GMV6 空调，即为一台智能化的多联机。这款多联机搭载了格力首创的 G-WFC 技术，可以结合天气预报预知未来天气温度变化趋势，主动对温度进行控制。它还会根据不同环境、维度、海拔等数据，创造截然不同的体验，保证用户可以始终处于最佳的温度状态。

格力的老对手，也在加速智能家庭的布局。2017 年 10 月，美的正式推出人工智能对话机器人"小美"，用户与小美对话，可以控制空调、洗衣机、冰箱、扫地机、电饭煲等 13 个品类美的家电，还可以通过小美直接与售后进行一对一的沟通。小美不仅只是一个智能机器人，还是一个人工智能平台，可以接入第三方智能产品与服务，具有非常强的拓展性，是美的进行智能家庭生态圈创建的核心。

除了商业领域的积极运作，国家层面也将智能家庭作为未来改善民生发展的重点。国家十二五规划中，已经明确：将无线智能家庭产业与新能源、文化创意产业等并列为战略性新兴产业，将投入重金予以扶持发展。所以，智能家庭必然会成为未来创投领域的风口，抓住这一机遇，"猪也会飞起来"！

二、解决"安全"痛点，形成行业共识

对家居设备进行关联管理与控制，这只是智能家庭的一个特点。

未来，智能家庭的物联网应用还将进一步拓展，实现与公安局、人社局、卫生局、政务服务中心、气象局、医院等单位的数据整合，尤其会对老人和孩子进行重点信息捕捉。一旦发现家中出现意外，智能家庭系统将会立即启动应急系统。

例如，当家中出现煤气泄漏，智能家庭将会首先切断煤气管道，自动打开门窗，调节室内空气。同时，智能家庭将会立刻将数据传输至煤气管理服务中心、公安系统、医院，进行人员救治。这一切都是同步进行的，会大大提升家庭急救的效率，尽可能创造更多的时间。

这些安全措施，如果换成人类，不要说效率完全无法匹敌，恐怕很多人在惊慌失措之余，早已忘记切断管道、打开门窗的应急措施。

效率、安全性，这是智能家庭能够真正赢得市场欢迎的关键。我们常说：家是心灵的港湾。对于家庭服务，我们需要的不仅仅是快捷高效，更需要强大的安全做后盾，这是消费市场的痛点。

解决了安全问题，智能家庭大同的场景将会更多：租房信息查询服务子系统、天气预报服务子系统、远程挂号及医疗信息发布服务子系统、菜市场信息服务子系统……凭借着精准的语音系统，老人也能够轻松玩转人工智能！

周末，老人想要在家中做一顿丰富的家庭晚宴，他们完全可以打开电视机，说出"今天菜市场哪些蔬菜较为丰富？"周边菜市场信息第一时间在电视机屏幕上弹出，老人能够完全按照自己的想法进行选购，彻底解决民众生活中的各类问题。

所以，打造智能家庭，并不是简单地对家居环境升级，而是对家庭的一次全方位改革，是与千家万户息息相关的民生工程。所以，诸如百度、联想、小米、华为等企业都在智能家庭不断推进，并开始进行合作，创建智能家庭建设行业标准。

2018年1月18日，靓家居、华为、新浪家居等多个企业，正联合发布《中国智慧家装应用白皮书》，其中明确了智慧家装系统设置的标准，包括家庭wifi网络设置、互联互通规范、物联网安全，以及施工安装的详细标准。这份由行业共同出台的白皮书，将会加速智能家庭产业的规范化，推动智慧家庭产业的生态构建和运营落地。

行业规范的形成，意味着智能家庭产业已经进入成熟阶段，能够真正落地实行。可以预见，这一产业将会依托 AI 技术产生强大的红利，未来的楼宇建设、装修，必然会围绕"人工智能"这一概念不断展开！

7.5　智能创业：精细规划，预知结果

既然人工智能具有非常强的数据处理能力，甚至可以根据大数据、云计算进行人类行为的预判，那么它是否可以应用于创业领域，协助年轻有为的企业家更加有效地判断行业趋势、企业走势，甚至实现预知结果的目的？

当然可以！人工智能的应用，不仅限于生活服务这一领域。只要激活它们的"创业基因"，那么 AI 就可以成为我们创业路上的最佳助手！

一、AI 描绘客户画像：精准获客

客户，是决定创业成败的最关键因素。尤其对于初创企业，能否有效获客，快速增加客户群体，这直接关系着企业的未来走向。而引入人工智能，我们能够快速找到精准客户在哪里，他们有什么样的画像，这样才能进行有针对性的产品开发与营销。

那么，AI 如何进行精准的客户画像？

首先，在产品推出市场之初，AI 就会主动开始分析：我们的产品究竟适合谁？这些用户具有怎样的特点？他们对于这款产品的痛点需求究竟是什么？

在过去，想要得到这些数据，需要通过大量的人工进行调查，效率低下的同时覆盖面有限；或是通过第三方调查机构获得数据，但这需要较大的成本支出，同时第三方同样借助人工模式进行展开，数据依然存在不精准的问题。

而引入人工智能，对于潜在客户会进行完善的客户画像，以此带来产品开发、市场营销的精准思路。例如，我们的产品是婴儿奶粉，目标客户就是刚生宝宝的妈妈、怀孕期的准妈妈等。这时候人工智能就会快速在全网进行分析，发现我们的目标客户在哪里：论坛、QQ 群、贴吧……人工智能将会根据活跃度，对潜在客户的集中地进行排序，以便我们可以精准地找到他们。

接下来，人工智能开始针对每一名用户进行精准数据统计：用户对于价格讨论的热点区间在哪里；哪种配方的奶粉需求量最高；每个月每一名用户的消费数据是多少……

随着数据的不断完善与细化，每一名用户的精准画像逐渐清晰，他们形成不同的群体，有着共同的标签，这就意味着——我们已经找到了这个群体的痛点究竟是什么。

有了痛点，就有了抓住客户"七寸"的机会。这就是为什么，与小米同期诞生的诸多手机品牌最终轰然倒下的原因：这些品牌对市场、用户并不了解，每一款产品的亮点，仅仅只是硬件的堆砌；但小米却另辟蹊径，将重点放在了"小米论坛"之上。数据会不断捕捉用户的反馈，这是粉丝们最渴望得到解决的痛点，所以无论 MIUI 系统还是

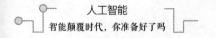

手机产品，小米每一代的升级都会围绕"用户"展开。

"用户为王"，无论我们创业的方向是什么，这都是颠扑不破的真理。

借助人工智能进行客户画像，就是为了找到我们的潜在客户真正需求是什么，他们有怎样的行为习惯、消费习惯、消费潜力，甚至包括用户的性格、价值观等。有了这些数据，才有了产品研发的方向、市场推广的核心，从而一举打动客户，在创业初期快速建立庞大的用户群。

二、人工智能：精准营销促进回头客的形成

凭借精准客户画像，人工智能为我们带来了宝贵的第一批客户。

但人工智能的"创业助手"能力并不仅仅止步于此，它还会进一步挖掘客户的消费习惯，为每一名客户制订消费计划，最终促成用户成为回头客。

回头客，是品牌从初期进入快速成长期的关键。用当下的商业语言形容就是"粉丝"。粉丝具有极强的消费能力，他们对品牌带有强烈的信任感，并且会通过自己的口碑传播，不断引导身边的人成为新用户。可以说，多数品牌发展到一定阶段，开拓新客户便会遇到瓶颈，这个时候"维护粉丝"是保证品牌不断前行的关键。

此时，AI 依然会发挥极为重要的作用。

以优衣库为例。近年来，优衣库在不断推广自己的 APP 平台，导购会不遗余力地引导我们下载优衣库 APP，并协助我们注册成为会员。这样一来，用户可以通过快捷的 APP 进行购物，各种促销、上新活动第一时间获悉，甚至不必前往实体店铺选购；与此同时，当用

户的数据积累到一定程度，APP 就会根据用户习惯形成个性化推荐页面，为用户推送可以进行风格搭配的服装，形成高频次互动。

在这背后，就是 AI 的运转：它在不断汇总客户的行为轨迹，为客户制定个性化的产品推荐。这种营销方式，实现了"点对点"的私人化，每一个人获得的推送都是不相同的，但又是最贴合自己的。

想想看，当我们想要在万圣节选购一身当下最潮流的个性搭配参加"化妆 party"，这时登陆手机 APP 已经为我们做好了推荐，并且这份推荐完全符合我们的风格，甚至衣服、鞋子的号码都与我们完全吻合，我们一定会成为这个品牌最忠实的粉丝！

表面上，是品牌很懂我们；事实上，是人工智能很懂我们。

除了独立开发 APP，越来越多的第三方平台，也为企业提供了这样的便利。例如支付宝就已经开放 API 数据接口，商家可以借助支付宝的大数据功能，捕捉客户精准画像，并不断推送定制化的服务。

金秉焕从韩国来到北京，最初他有一些不适应中国的生活，因为吃不到自己最习惯的韩国料理。后来他在五道口发现了多家韩国料理馆，经常来这边就餐。而有一家餐馆，每次都会引导他通过支付宝付款，他也通过支付宝成为了该店的会员。

半个月后，金秉焕惊奇地发现：每次到来，店家都会推荐让他胃口大开的套餐，并且几乎没有多少重样。他原以为，这是老板特别进行的观察，但后来才知道：原来正是因为在支付宝上的高频消费，让支付宝对他的消费习惯、口味习惯有了精准的了解，随后通过大数据进行"定制韩国料理"的推送，不时还会进行免费送餐。这种定制化的服务，让金秉焕很快习惯了北京的生活，不再感到烦恼。

　　这就是人工智能带来的惊喜规划与结果预测，它会从数据入手，对客户进行量身定制的服务，并预测他的行为。相比较闭门造车式的"客户揣摩"，人工智能一切都从数据入手，从客户入手，所以它自然会帮助我们快速撬动市场！

　　未来，更新一代的创客身边，也许少了很多不必要的办公设备，但是却会有一个精巧可爱的智能机器人站在身边。在这个机器人的身体里，蕴藏着这家企业的所有规划、所有用户数据，甚至包括你的消费欲望！

第八章

未来已来: 如何在智能时代保住自己的饭碗

伴随着人工智能应用的不断深入，越来越多属于人类的工作岗位，开始被 AI 所占据。面对这样的趋势，有人杞人忧天，也有人积极应对。那么，我们该如何正确调整心态、认识 AI，在人工智能时代，保住自己的饭碗呢？

8.1 机器人抢不走你的饭碗，除非你不想要

"人工智能来了，我的工作一定会丢，我该怎么办……"

"抵制人工智能！它会抢人类的饭碗！"

这样的担忧与忧患，相信我们每个人都曾见过。在人工智能发展越来越快的今天，一方面是我们对未来生活更加美好的憧憬；但是另一方面，我们却也对人工智能产生了恐惧心理：它正在蚕食我们的地盘！

凭借着强大的自我学习能力、高效的数据处理能力、精准的未来预测能力，在 AI 面前，我们的确显得有些太过渺小，就像站在泰森面前的小婴儿。金融、法律、制造业、医疗、教育……几乎所有行业，AI 对人类的优势是碾压性的。

否则，李开复不会一再强调，人工智能将在未来十年，取代世界上一半的工作。

基于此，"AI 恐慌论"开始蔓延。尽管它并不是主流，但的确正在刺激着很多人的神经，甚至包括你我：有一天，当人工智能已经完全可以替代我们，我们该去做什么？能去做什么？

一、人工智能对人类岗位的冲击

2016 年，美国调查公司麦肯锡就已经意识到了 AI 未来的发展，

并在美国针对800多种工作岗位的2000多种工作活动进行数据分析。结果发现：那些自动化程度较高的岗位，人类存在很大的失业风险。例如食品制造、焊接等流水线的工作活动，这些工作主要是重复操作，基本可以预测下一个动作要做什么。

麦肯锡评估出了一下这些高危职业，它们是人工智能未来的方向：

1. 在制造业中，59%的工作活动能够被自动化。而在能够被自动化的制造业领域里，90%的工作（如焊接、切割、接锯等）都能由机器人从事。

2. 在食品和住宿服务业中，73%的工作活动能够被自动化。

3. 在零售业中，53%的工作活动能够被自动化；在销售活动中，47%的工作活动能够被自动化；在图书管理、会计和审计工作中，86%的工作活动能够被自动化的倾向。

近年来，如富士康等企业，在不断升级无人智能化生产线，可以看到这一领域，AI已经对人类形成了强烈的冲击。人工智能这些年的快速发展，在某些领域已经开始渐渐取代人类的工作岗位，这是时代科技发展的必然。翻译、记者、助理、保安、司机、销售、客服、交易员、会计、保姆……这些领域，必然会出现越来越多智能机器人的身影。

人工智能对于人类岗位的冲击不可避免地会到来。马云也曾预言："未来，新技术的冲击将远远超过大家的想象，绝大部分昨天认为是白领的工作将会失去，绝大部分昨天认为理所当然做得最好的行业和公司都会倒下。"

但是，我们有必要因为此而诚惶诚恐、杞人忧天，甚至大肆抵抗

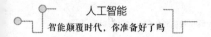
人工智能的到来，以此保卫自己的饭碗吗？

二、机器人真的会抢走我们的饭碗吗？

对于新科技的恐惧，对于即将失去的岗位患得患失，这不是人工智能时代的特例，第一次工业革命出现时，计算机革命出现时，社会也曾出现过恐慌，认为众多职业将会被机械、计算机彻底抢走，人类社会将会就此崩塌。

但事实上可以看到：我们的社会并没有因为新技术的出现而毁灭，反而创造出了更大的财富，创造出了更多的就业岗位。正是通过一轮轮的科技进步，社会才得以向前发展。

人工智能时代同样如此。不可否认，人工智能对诸多行业产生了强烈的冲击，但这不等于：我们会因此沦为"社会闲人"，无所事事。

尽管人工智能带来的自动化，会让部分产业的岗位出现变化，但自动化程度，并不是决定哪种职业会被机器人取代的唯一因素，因为还要考虑机器人成本、专业技能等诸多因素。即使机器人确实在某些行业中取代了人类，但当这一天真的到来之时，很多新的职业也会应运而生，例如机器人监视人、机器人操作人等。机器人抽象思维能力的缺乏，导致必须由人完成其他一些相关的工作。

正如工业时代颠覆了传统农业时代的生产，但纺织厂依然需要大量的工人操纵设备，汽车依然需要人工进行驾驶，人类社会并没有因此出现混乱。机器人在抢走我们当下饭碗的同时，却会提供更多其他岗位，让人进行工作。

更何况，还有很多岗位是机器人短期内无法胜任的，如知识性工作、管理性工作，此外还有"不可预测的体力劳动"，如林业、畜牧业等。这些领域，人工智能可以成为人类最好的帮手，但却永远无法彻底代替人类。

未来，预感自己饭碗最有可能会被抢走的蓝领，甚至反而会成为市场上最需要的人才。因为，高劳动强度的工作由人工智能机器人完成，但机器人仍然需要人的操作、维护和监督。所以，蓝领一层在降低工作劳动的同时，会实现向白领的转型！

正如京东，这个中国非常关注人工智能发展的企业，同时也是 AI 布局非常迅速的企业，拥有十余万名员工，很多人都会以为，京东将会进行大的裁员，但京东却斩钉截铁地表示："我们永远不会因为技术的迭代更新开除任何一个兄弟！"

京东是一家商业公司，尽管内部具有很强的人情味，但这并不是不开除员工的直接原因。因为，尽管人工智能会代替一部分岗位，但人工工作同样需要进行。例如送货机器人出了故障、出现突发情况，需要人进行判断和干涉。人工智能把在库房里面跑路、库房拣货的员工转到对机械的维护和上来。

"人机共存"，这才是人工智能时代最好的组合。

更何况，今天人工智能在许多垂直领域内的局部进展，并不如我们想象般那样毫无阻力，很多时候它会比科技大佬们的预言晚了很多。受限于半导体技术、生物神经技术等，人工智能机器人的开发依然困难重重，即便有了能够与人正常对话的机器人，但想要实现量产依然需要很长的路。以今天的标准看，弱人工智能的发展还有很长一段路要走，我们想象中的超级人工智能，距离依然很远。

我们不必妄自菲薄，但也不必骄傲自大。人工智能时代，机器抢不走我们的饭碗，但前提是：我们必须学会自我升级！

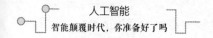

8.2 深度学习，让你的"脑容量"成倍扩大

不想被机器人抢走饭碗，我们最需要做的不是怨天尤人，而是适应时代，让自己的"脑容量"成倍扩大，掌握更先进的技术、更适应人工智能时代的能力，这样才能"笑看风云变幻"。

人工智能的最突出的一点就是"深度学习"，尽管人类的学习效率与人工智能无法比拟，但是我们同样需要开始自己的"深度学习"，不断提升自身的能力。

一、建立超越 AI 的全局视野

AI 的优势在于某个细分领域能够发挥超强能力，例如产品检测、流水线产品安装等，它们所做出的决策是微小且重复性的。对于较为抽象的全局规划，这并不是 AI 所擅长的。

所以，我们必须建立超越 AI 的全局视野，让 AI 成为我们的执行工具，而不是替代。正如桥水基金创始人雷·达里奥，他需要大量的人工智能产品进行投资管理。但是，他并不是被人工管理牵着鼻子走，而是"退后一步从更高的层次来观察事件"。

例如，多数的金融基金管理经理人，平常工作往往是待在电脑屏幕前，看着人工智能不断计算各支股票的数据，然后被动地进行确认、处理等。但是雷·达里奥并没有这样做，大部分时间，他都会理解经济事件和金融事件是如何在一个连贯的框架中融合在一起的。每周桥水基金开会，雷·达里奥所做的工作，就是根据自己的结论，对人工智能程序修改组合与模型，让它们的运转更加符合世界趋势。

雷·达里奥被誉为是世界上"格局最大的投资者"，他很清楚人工智能的优势是什么，不足是什么，用大局观来指挥 AI。AI 是帮助他提升效率的工具，而不是将他饭碗抢走的机器人。

我们必须建立这样的全局视野，分析项目的流程是什么、重点是什么，做好大局规划，然后输入指令让 AI 进行完成。这样我们才能完成升级，让人工智能成为我们的帮手。

二、找到自己的优势，而不是与 AI 正面竞争

"AlphaGo 太完美，我看不到希望。"

这是柯洁败给 AlphaGo 后，面对记者说出的话，让整个世界震惊。的确，作为世界围棋最顶级选手，柯洁尚且败得一塌糊涂，更何况普通人？与 AI 对比，我们丝毫没有优势。

但是，人工智能始终只是程序，它不可能真的如柯洁一样拥有人类的生活，体验各种各样的情绪、感受各种各样的美好。

人类之所以成功，凭借的是"多元智能"，在细分技能上，我们的确不如人工智能，所以就应该扬长避短，而不是与其进行正面对抗。

人类的天赋，就在于决定性的调整，可以对自己的精力进行有效分配，创造更完善的体系。正如 siri 是非常成熟的人工智能系统，乔布斯不可能胜任语音识别这一工作，但却是乔布斯创造了 siri，这才是人类的长处。

所以，我们必须挖掘身上更深层次的抽象管理能力，例如，如何

给员工带来温暖、如何成为团队中不可或缺的桥梁、如何在产品设计时融入更多人性化的体验，这些工作都是 AI 完全无法胜任的，却是我们人类的长处。

尤其对于需要丰富情感的岗位，这是人类最擅长的领域，例如服务行业、医疗行业等。李开复是最积极的人工智能推广人，但是他也曾说过："如果在我生病的时候，医生告诉我'你这个病死亡率是多少，最长寿命是多少'，估计我还没有治疗就得崩溃。相反，医生如果和患者说："你这个病只要注意调养，是完全可以康复的。你看，李开复老师现在还工作在投资的第一线呢！'"

这就是人工智能与人类的最大差距，人类独具的"情感交互""心灵交流"，是 AI 不可比拟的。所以，对于这些行业来说，深挖自己的服务意识，这样才能与 AI 进行竞争。

三、让自己不可替代

在专业领域我们已经无法与 AI 进行竞争，那么我们就必须提升自身的综合能力，让自己不可替代。这就意味着，我们除了掌握本职业务能力之外，还应该有其他的特长，尤其是人工智能并不擅长的特长。老板会用机器人的好处是"省钱"，而如果你可以一人多劳、不可替代，那么你就会展现出自己的价值。

例如，我们是一名汽车驾驶员，未来的工作很有可能被无人驾驶汽车替代，但是，我们对汽车美容、装饰颇有心得，能够巧妙地将汽车空间布置成让人眼前一亮的场景，我们就不会失去自己的价值，反而成为行业内独树一帜的"无人驾驶美容达人"。

除此之外，我们还要拥有创造力，成为行业中的创新人才。人工智能的特点是根据规则去执行，进行颠覆性创造并不是它的长处，而你拥有不断研发拓展的创造力、想象力，你有自己独特的观点，那么你就很难成为那个被替代的人，反而很有可能成为打造机器人的人！

最重要的，是要给自己的情商做投资，让自己成为那个让人依赖的人。我们要思考如何与他人改善人际关系，如何能够与他人更有效的互动，产生强大的影响力。如果你能成为一个出类拔萃的激励者、管理者或是倾听者，所有人都意识到：只有你在，才能调动大家的积极性；只有你在，才能让 AI 真正成为大家的助手，那么即使有再先进的人工智能，你也永远不会被行业淘汰。

对于身为普通职员的我们来说，必须将"在其职司其位"转变为"在其职思其位"的思维，不断寻找自身工作的改进点与创新点，甚至相关的其他工作。例如，也许我们已经是一个即将被淘汰的导购人员，智能机器人的资讯提供效率比我们高得多，我们该如何才能避免被淘汰呢？

我们要做的，是尽可能创新自己的服务，这需要不断积累准确的判断力，与客户交流时的称呼、语气、音量等，都会让我们塑造出不一样的自己。当任何一名用户感到我们是值得信赖的，我们比人工智能机器人更加温馨、更具安全感，那么我们就是不可替代的。所以，无论我们身在哪个行业，都要不断提升自身的情商，深度学习有关情感的知识，这样才不至于被人工智能淘汰。

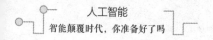

8.3　用开放心态拥抱 AI，融入其中，寻找位置

人工智能发展大势所趋，从短期看，它的出现必然会带来阵痛：某些行业、某些地区出现一定的失业情况。这一点，与第一次工业时代、计算机革命时代的到来完全一致。

但是从长远来看，这种转变并非意味着"大规模失业"的灾难性爆发。AI 时代的到来，是对人类社会结构、经济秩序的优化与调整，它的最终目的是解放生产力，让人类生活的品质得到进一步提升。

所以，我们必须正确对待 AI 浪潮的袭来，用开放的心态拥抱 AI，将它看作是我们最需要的助手而非敌人，这样才能找准自己的位置，并感受人工智能带来的科技红利。

一、参与到人工智能之中

想要拥抱 AI，首先我们就要参与 AI，这样才能真正了解 AI。参与 AI，并不一定是指我们加入到 AI 产品的实际开发之中，而是了解 AI 的运转模式，它究竟能够给我们带来什么。不会被自动化系统吓倒，这样才能依靠 AI "深入虎穴"，挖掘数据背后蕴藏的更大价值。

例如，我们是一名市场营销人员，伴随着 AI 产品的引入，身边不少同事认为自己已经毫无用处，因此纷纷选择调岗或离职。这个时候，我们要做的不是"随大流"，而是主动了解这款 AI 产品究竟能给我们带来什么——

可以分析客户数据，并挖掘客户的消费欲望；

分析区域的热点动态图，提供完善的市场预测数据；

自动与客户进行客服交流，解决客户最常见的问题；

直接介入销售，为客户推荐他们最需要的产品；

……

以上这些，都是 AI 可以完全实现的。我们了解到 AI 的特点后，应当立刻认识到：AI 已经将自己过去完全无法完成的工作快速解决，尤其数据统计问题，这不仅是自己的短处，更是所有人类的短处。这就意味着：AI 为我们提供了庞大的数据支持！

我们不必与 AI "抢饭碗"，在它的领域我们毫无胜算；但是，我们可以去做它做不到的、更加大局观的工作。例如，通过 AI 数据，我们已经看到：即将到来的暑期，某款产品将会进入热销阶段。这个时候，我们是否可以策划一场针对暑期的团购会，甚至创建一个属于品牌的"暑假会员日"，用这款热销产品带动其他产品的销售？

这样的大局观工作，是 AI 完全无法胜任的，它不可能像人一样，创建出一个抽象意义的"节日"。这样一来，你与 AI 形成了很好的配合，参与到 AI 的工作之中，通过 AI 的数据支持，你实现了对曾经的超越——过去的你只是一名不起眼的销售员，但今天，你却成为了能够运筹帷幄的策划师！

AI 不仅没有对你产生任何冲击，反而为你的腾飞插上了翅膀。为什么我们还要抗拒人工智能呢？

所以，参与到人工智能之中，就是要带着好奇、学习的态度面对 AI，要从 AI 中挖掘出能够给自己带来实际帮助的能力，这样我们不仅不会感到迷茫，反而还会凭借 AI 在自己的职场路上、创业路上创

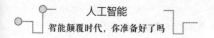

造更大的奇迹。

二、从"助手"到"伙伴"

让人工智能成为我们的助手, 这只能激发人工智能 50% 的能力, 也只能激发我们自身 50% 的创意。从"助手"到"伙伴", 让人工智能走进我们的工作, 那么你会发现: AI 给我们带来的便利更加明显。

举一个很简单的例子: 我们在办公室忙碌, 忽然觉得有点冷, 这时候人工智能程序发现了我们的"哆嗦", 立刻询问我们: "您是否觉得有点冷? 是否需要我适当调高空调?"

服务型人工智能已经成为了我们的"小伙伴", 商业领域的人工智能, 同样开始成为我们的同伴。

例如, 交通人工智能机器人, 可以在交警下班后继续进行执勤, 不断捕捉道路上的各种信息; 工矿机器人可以进入人类无法达到的地壳深部, 探测其中是否有矿产、矿产储量达到多少, 为工程师提供合理的开采方案。

即便诸如艺术创作, 尽管当前部分 AI 产品已经可以实现"智能创作", 但是艺术涉及的不仅仅只是"写出来、画出来", 还需要体现情感、创意、心态、灵感、道德、意识等个性特征。所以, 它无法完全替代人类的创作。

但是, 我们可以借助人工智能, 将艺术创作的难度大大降低, 通过人工智能更好地表达细节, 大大提升我们的创作效率, 甚至将那些原本只存在于脑海中的画面, 借助人工智能的建模优势, 让它真正成为现实! AI 已经逐渐从助手, 进化成为我们实现梦想的"合伙人"!

拥抱 AI，你会发现自己的未来更加宽广，更有助你在舞台上展现出自己的风采。正如微软（亚洲）互联网工程院市场与公关总监徐元春所说："让人工智能成为人类的伙伴！"

8.4 发挥你的想象力与创造力

与人工智能成为朋友，不仅仅只是生活上的服务人员、工作上的助手这么简单，只要我们愿意发挥想象力与创造力，那么你会发现：人工智能可以帮助我们做非常多的事情，它甚至就像左右手一样了解我们！

其实，我们的生活中早已离不开人工智能。它无所不在。工作时，它会帮助我们处理很多繁琐的表格；看电影时，它会主动推送我们喜欢的影片；开车时，我们想要听一首安静的歌，只要告诉它就会打开音响；出门游玩时，它是我们最值得信赖的导游，会时刻告诉我们来到了哪里，距离目的地还有多远……

它还是我们的私人助理，会帮助我们安排行程、协调时间。无论吃饭、购物，只要打开手机轻轻动动手指，它就会帮助我们解决这些问题。未来，随着无人驾驶汽车的普及，我们连手也不必动，即可朝着梦想中的西藏出发……

比尔·盖茨就曾说过："人工智能是一种最新的技术，可以让我们用更少的劳动力生产更多的产品和服务，而绝大多数情况下，颠覆过去数百年的发展，这对整个社会来说非常重要。"

事实上，人工智能的应用，已经不再限于我们生活中的场景，它在各个领域都越来越成为人类的助手。如果我们可以发挥想象力与创造力，那么就会发现：即便我们只是普通的农民，也能通过人工智能提升粮食生产效率。

例如，过去的种田方式是"靠天吃天"，气候出现一点恶化，很有可能导致粮食当年的减产、绝收。但是有了人工智能，它会从种子研发这一步开始，不断借助人工智能进行改良优化，种植过程中还会接入实时天气系统，提出相应建议；甚至，人工智能农业机器人还会对土壤、水文条件进行分析，帮助我们选择合适的肥料等，帮助农业生产。

中国是一个农业大国，几千年来都渴望掌握"老天爷的规律"；如今，当人工智能出现以后，这个愿望也开始逐渐被实现。

还有更多我们看不见的领域，人工智能同样在颠覆着我们的想象力。例如，《华西都市报》的封面传媒，就已经开始大量介入人工智能。这家四川的传统媒体，在借助人工智能对新闻生产进行变革。

2017年，《华西都市报》的"小封智能机器人"已经开始进行新闻创作，作为第240号员工入驻封面传媒，每天可以撰写100多篇稿件。相比较传统编辑，小封智能机器人简直就是全能选手：体育、财经、灾害、生活、娱乐、科技、快讯……几乎所有领域都有它的身影。尽管相比较专业编辑，它的写作更多侧重于辅助，如关键词提取、文章标签抽取、关联资料推荐、文章表现抽取等，但这已经给编辑带来了非常大的帮助，让采编人员的工作效率大大提升。

小封智能机器人的基础"办公能力"，最辉煌的一次工作成果，就是在2017年，封面传媒举办"AI相亲会"，小封智能机器人通过单身男与照片比对、个人资料比对，为他们挑选最佳匹配的相亲对象，一时间成为当月的热门新闻。

2018年，小封智能机器人经历了4.0升级，语音转换技术得到大大加强。每一篇稿件，都会自动生成一段语音，进一步对用户的体验进行全方位提升。

AI的引入，让原本已经开始没落的传统媒体《华西都市报》又一次重获新生，所以，四川日报报业集团副总编辑、华西都市报社社长、封面传媒董事长兼首席执行官李鹏才会激动地说道："在可以预见的未来，人工智能必然会成为改变经济、社会、生活等方方面面的基础设施。对于转型中的媒体而言，加快AI+媒体应用是融合转型的不二选择，并且这种应用只能快，不能慢，更不能犹豫不决。"

我们无法想象，AI的终点究竟在哪里；但我们可以看到，我们的生活、工作，正在被AI不断改变，它既给我们带来了冲击，又给我们带来了新的机遇。所以，大胆发挥我们的想象力与创造力吧，让AI真正成为我们的朋友，为我们创造更多的奇迹！

8.5　紧跟国家战略，抓住机遇

"站在风口上，猪都会飞。"

雷军的一句话，让中国整个创客领域沸腾了起来。风口是什么？是潮流，是未来，更是国家的战略支持。找到风口，就意味着已经与国家战略政策同步，意味着已经进入到未来最有前景的产业。越是活跃的领域，机会就越是如繁星一般，只要自己足够努力，那么就很容易得到市场的青睐、资本的青睐、国家政策的支持、高级人才的加入。

而 AI，显然正是当下正在发生的"风口"。它既是商业市场的选择，也是国家战略的选择。机遇，正在我们的面前招手。

就在 2018 年，工业和信息化部印发了《促进新一代人工智能产业发展三年行动计划（2018-2020 年）》的文件，明确表示：重点培育和发展智能网联汽车、智能服务机器人、智能无人机、医疗影像辅助诊断系统、视频图像身份识别系统、智能语音交互系统、智能翻译系统、智能家居产品等智能化产品，推动智能产品在经济社会的集成应用。人工智能产业的推进，正在不断完善之中。

与此同时，这份计划也对人工智能的创业进行保障，包括加强组织实施、加大支持力度、鼓励创新创业、加快人才培养、优化发展环境等，推动形成良好的发展环境。尤其会大力推动建设相关领域的制造业创新中心，设立重点实验室，鼓励行业合理开放数据，支持重点行业和关键领域加大应用力度，促进人工智能产业突破发展。

正是有了这样的政策支持，中国 AI 产业发展的速度日新月异。2018 年 9 月，在国家发改委的指导下，由国投创合国家新兴产业创业投资引导基金管理公司、上海市杨浦区人民政府为主，发起设立的公共服务平台全国人工智能创业投资服务联盟在沪宣布成立。这个联盟，将会给中国人工智能领域带来更多的服务与支持。

这一联盟，不仅有地方、创业服务机构，同时还邀请企业、高校和院所等作为成员单位加入，形成完善的体系。阿里巴巴、百度等 8个 AI 创新中心（实验室），腾讯、华为等 8 个 AI 创新平台，微软、亚马逊等 3 个 AI 研究院已经加入联盟并入驻上海。巨头的率先行动，给整个行业带来了极大的信心。

而为了促进整个联盟企业的健康发展，上海还将进行大规模的资金支持，同时引导社会资本设立千亿规模的人工智能发展基金。上海已经为未来做出了明确规划：将建设 60 个左右人工智能深度应用场景和 100 个以上人工智能应用示范项目，打造 3~4 个人工智能特色小镇和 5 个人工智能特色示范园区，设立千亿规模人工智能产业发展基金。

一线城市正在行动，其他地区同样不甘落后，为人工智能产业发展不断扫清障碍、提高扶持力度。

2018 年，安徽合肥出台人工智能产业发展政策，将人工智能发展作为未来合肥发展的重点。对于入驻人工智能产业园区的企业，如果达到相关标准，经评审认定，每个企业即可获得 30~50 万元的一次性创业补助；业年营业收入首次达到 2000 万元、1 亿元、5 亿元、10 亿元，分别给予 50 万元、100 万元、500 万元和 1000 万元的一次性奖励，从经济角度刺激相关人才进行人工智能创业。

与此同时，合肥市政府还大力支持技术的落地与产品的应用，尤其对于面向智慧城市、智慧医疗、智慧教育、智慧政务等应用市场，每年由政府牵头发布应用推广计划，举办市场应用对接会，让合肥的人工智能企业与全国乃至全球建立更加紧密的联系。

作为阿里巴巴的"大本营"，杭州对于人工智能产业的发展，扶持力度更大。杭州未来科技城是中组部、国资委确定的全国 4 个未来科技城之一，重点方向就是人工智能。如阿里巴巴、同花顺、华立等知名企业，都在这里安家落户。

2017 年，未来科技城旗下的"人工智能小镇"投入运营，进一步吸引 AI 创客的加入。入驻人工智能小镇的初创型企业，最高可获得 1600 万元项目资助；成长型企业，则可以获得最高 200 万元房租补助和最高 500 万元的研发补助；对于引进的核心人才，最高可获得 300 万元安家费补助，硕士、博士可享受一次性生活补贴。这样的扶持力度，可谓引领整个中国！

国家已经为我们指明了方向：未来，是属于人工智能的。所以，我们不要再犹豫，抓住这个机遇，积极投身于人工智能产业的创业浪潮之中，那么下一个乔布斯、雷军，也许就是你！

参考文献

[1] 腾讯研究院、中国信息通信研究院互联网法律研究中心、腾讯 AI Lab、腾讯开放平台．人工智能：国家人工智能战略行动抓手 [M]．北京：中国人民大学出版社，2017．

[2] 中国人工智能产业发展联盟．人工智能浪潮 科技改变生活的 100 个前沿 AI 应用 [M]．北京：人民邮电出版社，2018．

[3] 王作冰．人工智能时代的教育革命 [M]．北京：北京联合出版有限公司，2017．

[4] 尼克，人工智能简史 [M]．北京：人民邮电出版社，2017．

[5]（英）理查德·萨斯坎德，丹尼尔·萨斯坎德．人工智能会抢哪些工作 [M]．杭州：浙江大学出版社，2018．

[6] 谷建阳．AI 人工智能：发展简史 + 技术案例 + 商业应用 [M]．北京：清华大学出版社，2018．

后记
人工智能就在你身边

未来的人工智能究竟会什么样？每一个人都有截然不同的幻想。被誉为第四次工业革命的人工智能，具有太多我们想不到的发展方向，恐怕即便想象力最丰富的作家、导演，也难以真正刻画出未来人工智能世界的样子。

让我们暂时收回遥远的幻想，看看我们的身边吧。李开复曾经说过：我们的身边已经被人工智能包围。相信读完本书，你会更加理解这一点。即便并不关注社会发展的人，也正在享受着人工智能带来的红利：女孩子打开手机，能够用美图秀秀进行照片处理，这就是人工智能的作用；晚上临睡前，打开今日头条浏览新闻，所有推送的内容，都是根据我们的喜好进行排列的，这同样是人工智能的结果。

更不要说，我们会频繁登录的淘宝、京东、微信、WPS，这其中同样蕴藏着大量的人工智能技术，帮助我们筛选产品、翻译语音、整理文档……

甚至，当下最流行的外卖送餐，也植入了丰富的人工智能：为什么我们最爱吃的菜，总是会在最显著的位置出现？因为人工智能基于我们的消费习惯，已经了解到我们的口味，它甚至比我们还要了解自己！

最难能可贵的是，人工智能的语音操纵、虹膜识别等技术，让它突破了地域、时间限制，更突破了群体限制：老人孩子能够玩转 AI，残疾人群体同样可以轻松控制 AI！在过去经历的工业革命之中，这一点是从来未曾实现的。正如传统能源汽车视觉、听觉、四肢残患人士无法使用，但无人智能驾驶汽车人人都可以轻松驾驭。

所以，人工智能带给人类社会的变化，将会更加明显、更加强烈。

今天这个世界，有太多人工智能的身影，即便我们并没有察觉。人工智能，并不是一套商业模式、一个应用程序，而是一个能够改变世界的体系。它是电影导演，是传奇魔法师，正在不断将我们想象中的世界，逐渐变为现实。

未来，我们的世界会有一个怎样的面貌？我无法为你做出详细的解答。所以，让我们一起期待，一起迎接一个全新世界的诞生吧……

917 众筹平台
2019 年 1 月